盆栽趣味の広がりと性格

早川 陽

ブックレット
近代文化研究叢書

18

目次

表紙／裏表紙
　　墨江武禅（画）／墨江愛山（編）『占景盤図式（天／地)』（後摺）平安文聖堂 1925（大正14）年 個人蔵

編集　礒貝日月
装丁　石島章輝
DTP　中里修作

はじめに

―日本画の景色と盆栽性―

盆栽は「盆（はち）」に植物を「栽（う）」えること。

それがいつしか様式を持ち、趣味になり、現代では文化として認識される「盆栽（ボンサイ）」になった。

趣味としての盆栽は、植物美、思い入れの道具、時間、そして「小ささ」への眼差しを合わせ持つ、栽培表現・鑑賞の世界といえる。国内、世界各地の性（しょう）のよい樹木・草を、理想とするサイズに仕立て、手持ちの場所（庭／園／盤／鉢／盆／器）におさめていく。盆栽は水遣りや植替え、芽摘みなど、手間のかかる作業が多く、管理が難しいともいわれるが、それを乗り越えたところに植物栽培趣味の楽しみがある。完成形を想像しながら年月をかけて培養し、芽吹きや紅葉の美しさ、花や実の季節、鉢を合わせて席飾りをつくる。

この小さい自然＝盆栽を生活空間に取り入れ、持ち運び可能なサイズで維持管理する行為、時間を盆（鉢／盤）に凝縮させて、趣を表す文化には、多くの流行と変化が生じ続けてきた。

本書は、現代の「盆栽」概念がいつどのように広まり、近代に「盆栽」としての自覚と定着を得たのか、明治から現代に至る「盆栽」世界の輪郭（outline）を示すことで、「盆栽趣味の広がりと性格」を明らかにすることが目的である。

ところで筆者はもともと日本画を学んできた。

日本画制作の日々の訓練の中では、まず対象物（モチーフ）をよく観察してそのまま描く必要があり、そこから徐々に「より対象物らしいもの」に絵として仕上げていく方法、さらに意識的に絵をつくる（例えば対象物の構造や空間を捉え、色の価値や質感を調整する）経験を積んだ。過去の画家は対象物を繰り返し描く日々の訓練を通じ、対象をある種の概念として理解し、注文に応じて（組み合わせて、即興で）画を描いた。その際の概念の塊として、景色の場合、「シマ」「ニワ」「ソノ」「ハチ」「ボン」といった山水世界の単位がみえてくる。日本（東洋）の画家は決まった立ち位置から風景を描くのではなく、景色の単位（「盆栽性」あるいは「盆景性」[1]）を平面に配置して、作品の空間を構成する習慣がある。これらは山水画の古いテキストをみても、画の要素が分解され、筆法や添景として紹介されており、その組み合わせで面を構成してきた画家の視覚の伝統としても理解できる。

1 「盆栽性」あるいは「盆景性」は、早川陽『藝術と環境のねじれ―日本画の景色観としての盆景性』（アサヒ・エコ・ブックス36）アサヒビール／清水弘文堂書房 2013 年に示した日本の山水・風景画のねじれとしての特徴のひとつ。

同じ景色文化であった盆栽は、展示する際に主木と下草、そして添景や水石（奇石）、台や地板（シマ）を配置する。盆栽の草木と添景は、美術になった山水画と同じ単位であり、季節の表現や物語を表す構成要素となっている。

明治末期に宮内大臣を務めた渡辺千秋（楓関）[2]は、盆栽を美術との関係性から説明し、実践として無地の掛軸を床の間にかけた。そして花台（卓）に配置した「単位としての盆栽」を、画の主木として見立て、無画を盆栽によって有画にみせる「楓関（千秋）式鑑賞法」を実践している。鑑賞者は席に招かれ、白地の前にある（『抜け雀』のように画から出た）盆栽をみることになるが、画趣のある飾りとして当時話題となった。

柄谷行人は『日本近代文学の起源』「風景の発見」で、「山水画家が松を描くとき、いわば松という概念を描くのであり、それは一定の視点と時空間でみられた松林ではない。『風景』とは『固定的な視点を持つ一人の人間から、統一的に把握される』対象に他ならない。山水画の遠近法は幾何学的ではない。ゆえに、風景しかないようにみえる山水画に『風景』は存在しなかったのである」[3]と記した。このように盆栽は風景というよりも、山水に連なる一つの概念であったといえる。

盆栽は植物の中で、葉性のよい小さなもの、花や実成のよいものが好まれる。趣味家・栽培家は山木を取り、あるいは種子を蒔き、通風と日光を確保して、夏は日に2〜3回たえず灌水し、冬は室（ムロ）に入れる。人間の生活に引き込まれ、縮小化して自然の単位となった盆栽は、数人がかりで移動させる将軍の大型盆栽であっても、自然界には存在しない文化的な植物となっている。つまり「盆栽」は、時間と空間が縮小された自然美としての造形物であると同時に、ある種の「概念」であり「単位」なのである。大品（大型）から中品（中型）、小さい方はより細分化され、「豆」「雛」「小物（小もの）」「小型」「小品」「ミニ」「掌（手のひら、手のり）」サイズの盆栽世界が豊かに広がっている。

本書は日本画の「景色」に興味をもち、盆栽を趣味とする筆者が、近代に「美術」と「文化」に距離をとることになった「盆栽」とその「趣味」について、考察を進めたものである。

2　渡辺千秋（楓関）、国会図書館「渡辺千秋関係文書」履歴には、「天保14（1843）.5.20、長野生まれ。渡辺国武の兄。安政5（1858）高島藩校長善館に学び、藩出仕。維新後は伊那県庶務取調方、筑摩県権参事などを経て、1877.4鹿児島県大書記官、1880.7鹿児島県令、1886.7鹿児島県知事、1890.9行政裁判所評定官、1891.5滋賀県知事、1891.6北海道庁長官、1892.7内務次官、1894.1貴族院議員、1894.11京都府知事、1895.10宮内省内蔵頭、1900.5男爵、1904.6宮内省内蔵頭兼御料局長、1907.9子爵、1908.1宮内省内蔵頭兼御料局長兼帝室林野管理局長、1909.6宮内次官兼内蔵頭兼帝室林野管理局長官兼枢密顧問官、1910.4宮内大臣、1911.4伯爵、1914.4依願免本官、1921.8.27死去。」とある。2001年ノーベル化学賞を受賞した野依良治は千秋の曾孫である。

3　柄谷行人『定本 日本近代文学の起源』「風景の発見」岩波現代文庫 p.21、2008年

序章

1 「近代」「盆栽」「世界」

明治近代の日本画（新派）の立役者、岡倉天心が 1906（明治39）年に出版した『茶の本（原題：The Book of Tea）』「第六章 花」には、植木鉢の花卉栽培について記述がある。

> 草花を作る人のためには大いに肩を持ってやってもよい。植木鉢をいじる人は花鋏の人よりもはるかに人情がある。彼が水や日光について心配したり、寄生虫を相手に争ったり、霜を恐れたり、芽の出ようがおそい時は心配し、葉に光沢が出て来ると有頂天になって喜ぶ様子をうかがっているのは楽しいものである。東洋では花卉栽培の道は非常に古いものであって、詩人の嗜好とその愛好する花卉はしばしば物語や歌にしるされている。唐宋の時代には陶器術の発達に伴なって、花卉を入れる驚くべき器が作られたということである。[1]

後述する明治時代の盆栽資料を紐解くと、岡倉天心の花卉栽培・植木鉢や盆器の理解は、生花と鉢植え栽培を比較しながら器の話に触れている記述内容であり、時代の状況を的確に汲み取って観察していることがわかる。

現在の盆栽界は、小さな会（サークル）、園（専門業者）、協会（団体）等を中心に営まれているが、戦後の流行期にかかわった人々の世代交代が進んでいる。動画、SNS を中心にしたメディアによる若年層の参加はみられるが、従来の月刊誌には「きんぼん」と呼ばれる『近代盆栽』（近代出版）[2]、博文館が明治期に多く出版した雑誌タイトルである世界シリーズ[3]からの影響を持つ『盆栽世界』（エスプレス・メディア出版）[4]の二誌が引き続き牽引役として発行されている。まさに近代に転機を迎えた盆栽の世界とは何か、盆栽はどのように成り立っているのかを考えさせる歴史的な誌名（keyword）である。

盆栽に関する論考は江戸時代から昭和初期にも多くみられるが、通史としてまとまった論考として、例えば岩佐亮二「考証盆栽史大綱：社会事象としての盆栽」(1975)（翌年『盆栽文化史』(1976)として出版）[5]、社会学の視点からは池井望『盆栽の社会学—日本文化の構造』(1978)[6]、岩佐に続き、中国盆景との関係、盆石史の研究に及んだ丸島秀夫『日本盆栽盆石史考』(1982)[7]、宮中の

1 岡倉天心（著）／村岡博（訳）『茶の本（原題：The Book of Tea)』「第六章 花」岩波書店 pp.81-82、1929 年

2 『近代盆栽』（近代出版）は、1977（昭和 52）年 11 月創刊の月刊誌。

3 坪谷善四郎『博文館五十年史』博文館 1937 年によると、「世界」「〜界」と付く博文館発行の雑誌として次のタイトルがある。『少年世界』(1895（明治 28）年創刊)、『中学世界』(1898 年（明治 31）年創刊)、『幼年世界』(1900（明治 33）年創刊)、『女学世界』(1901（明治 34）年創刊)、『実業世界太平洋』(1903（明治 36）年創刊)、『文章世界』(1906（明治 39）年創刊)、『農業世界』(1906（明治 39）年創刊)、『少女世界』(1906（明治 39）年創刊)、『英語世界』(1907（明治 40）年創刊)、『数学世界』(1907（明治 40）年創刊)、『冒険世界』(1908（明治 41）年)、『野球界』(野球界社)(1911（明治 44）年)。『農業世界』はしばしば盆栽生産の特集を組んでおり、『文章世界』はのちに『新趣味』(1922（大正 11）年)になる。

4 『盆栽世界』（エスプレス・メディア出版）は、1970（昭和 45）年 5 月創刊の月刊誌。1970（昭和 45）年 5 月〜樹石社、1985（昭和 60）年〜新企画出版局、2012（平成 24）年〜エスプレス・メディア出版の発行となっている。

5 岩佐亮二「考証盆栽史大綱－社会事象としての盆栽－」『千葉大学園芸学部特別報告』千葉大学園芸学部、13 号、全 156 頁、1975 を記した後、岩佐亮二『盆栽文化史』八坂書房 1976 年を出版した。

置物や装飾に盆栽に通じる価値があることを示した大熊敏之「序説：日本近代美術のなかの書と生花、盆栽」（2000）[8]、園芸文化、植木屋の系譜を論じた平野恵『十九世紀日本の園芸文化―江戸と東京、植木屋の周辺』（2006）[9]、為政者の盆栽への関心を明らかにした依田徹『盆栽の誕生』（2014）[10]、渡航した植木職人と盆栽価値の欧羅巴への影響に触れた鈴木順二『園芸のジャポニスム：明治日本の庭師ハタ・ワスケを追って』（2023）などによって、盆栽文化を捉える研究がそれぞれを相互補完する形で、あるいは散発的に進んでいる。

　また2010（平成22）年3月28日に開館した、公立さいたま市大宮盆栽美術館[11]を拠点として、近代盆栽の成立については調査が進んでおり、企画展覧会や「さいたま市大宮盆栽美術館だより」（大宮盆栽美術館の歴史資料）[12]を含め、示唆に富む調査が続いている。これらの研究では、現代につながる「盆栽」の形が、各研究者による視点、考察として鮮やかに描かれてきた。

2　美術と生活文化と盆栽

　一方で、2000年代の日本美術界では、佐藤道信『〈日本美術〉誕生―近代日本の「ことば」と戦略』[13]にあるように、美術の成立や、日本画の再構築が近代にどのように起こったかに関心が集まっていた。美術や日本絵画（日本画）で起こった近代化の波が、同様に「盆栽（はちうゑ・ボンサイ）」にも押し寄せている。漢文脈に支えられた隠逸志向、南画や文人画、山水画、そして植物栽培趣味としての盆栽は、言葉の意味や社会の中での位置、人々への趣味の広がりに至るまで、性格を変えながら存在してきた。

　明治維新後、世情が落ち着き江戸期以来の流行が起きた1877（明治10）年代以降、同時期の福沢諭吉『脱亜論』（1885）、1887（明治20）年の東京美術学校の設置、志賀重昂『日本風景論』（1894）、国木田独歩『武蔵野』（1898）のベストセラー等を踏まえれば、近代に生きた人々の新しい「盆栽」への執着と、美術化の試み、自然主義、天然・天性などの使用増、国風化の理論的背景が垣間みえ、近代に「盆栽」の創造があったことがみえてくる。つまり、「美術」や「風景」の新しい概念が、「盆栽」に影響を与えてきた。このように、私たちの知る「盆栽」には、みえづらくなっている過去の捉え方が基層にあり、現代までに植物美そのものを鑑賞する「鉢植（はちうえ（ゑ））」とは違った景趣を表す文化、つくり込まれた植物栽培として広く理解が進んでいる。

　続けて筆者の携わる美術教育の側面からみると、「伝統と文化

6　池井望『盆栽の社会学―日本文化の構造』世界思想社1978年

7　丸島秀夫『日本盆栽盆石史考』講談社1982年

8　大熊敏之「序説：日本近代美術のなかの書と生花、盆栽」『三の丸尚蔵館年報・紀要』5号 pp.29-38、2000／大熊敏之「序説：日本近代美術のなかの書と生花、盆栽」『三の丸尚蔵館年報・紀要』6号 pp.30-39,2001／大熊敏之「序説：日本近代美術のなかの書と生花，盆栽」『三の丸尚蔵館年報・紀要』8号 pp.25-31、2003

9　平野恵『十九世紀日本の園芸文化―江戸と東京、植木屋の周辺』思文閣2006年

10　依田徹『盆栽の誕生』大修館書店2014年

11　さいたま市大宮盆栽美術館は、埼玉県さいたま市北区にある公立の盆栽美術館で2010（平成22）年に開館した。明光商会創業者、髙木禮二コレクション（髙木盆栽美術館旧所蔵品）を多く所有する。規定としてさいたま市大宮盆栽美術館条例施行規則がある。

12　「さいたま市大宮盆栽美術館だより」（大宮盆栽美術館の歴史資料）は、一般社団法人日本盆栽協会発行の月刊誌『盆栽春秋』に連載され、「収蔵品紹介」の記事を掲載するもの。

13　佐藤道信『〈日本美術〉誕生―近代日本の「ことば」と戦略』講談社選書メチエ1996年

14 文化庁「生活文化調査研究」「生活文化調査研究事業報告書（煎茶道、香道、和装、礼法、盆栽、錦鯉）（令和3・4年度）」https://www.bunka.go.jp/tokei_hakusho_shuppan/tokeichosa/seikatsubunka_chosa/93860001.html（検索日：2023年9月1日）

の尊重」に対応した、小・中学校学習指導要領改訂（平成20年）があった。そして図画工作・美術では、「生活文化」「美術文化」の用語も登場し、「盆栽」が生活文化の一例として検定教科書に掲載されることがあった。さらには、和菓子のデザインや、風呂敷の形式、漆塗りの紹介、ミニ屏風の創作など、生活文化につながる課題の掲載が増加している。

また文化庁の「生活文化調査研究」「生活文化調査研究事業報告書（煎茶道、香道、和装、礼法、盆栽、錦鯉）（令和3・4年度）」[14]「2章2節 国民意識調査」では、「FQ5 盆栽について」「この調査の『盆栽』とは、植木鉢等の盆器（ぼんき）等に樹木を植え付け、姿形に手を加えながら年数をかけて育てていくものをいいます。なお、小品盆栽やツツジ盆栽も含みます。あなたは、これまでに盆栽を育てたことはありますか。（N=20,000）」に対して、「盆栽を育てている（いた）、あるいは盆栽園を営んでいる（いた）」は3.0%、「イベント等で盆栽体験をしたことはある」は4.4%の回答であり、他の領域に比較して限定的にみえる。

ところが久保田裕道（2022）「無形文化遺産としての『生活文化』」によると、2021（令和3）年の文化財保護法改正では、無形文化財分野の保護制度に「登録」という新たな制度が追加され、従来よりも幅広い文化遺産を対象とすることが可能となったこと、新たに「生活文化」を保護対象に追加した一方で、「生活文化」の定義は曖昧であることを指摘している。そして「生活文化」の範囲について、文化庁では「茶道、華道、書道、食文化（料理、酒造に関する技術）、煎茶、香道、和装、礼法、短歌、川柳、盆栽、錦鯉」などを対象としており、盆栽が含まれていることから、生活文化からのアプローチも重要な今日的観点となっている。

本論では、先達の研究や同時代の論考に依拠しながら、国立国会図書館の資料を確認し、明治期に起こったとされる「はちうゑ」から「ボンサイ」への呼称の変化と対象樹種の変化（第1章）、過去に論文としてまとめた1935（昭和10）年の状況（第2章）と、1970（昭和45）年〜1982（昭和57）年の動きについて（第3章）、全体の盆栽考をつなげることで、盆栽流行の変遷を確認し、趣味層の広がり、盆栽趣味の性格の特徴をまとめる。これによって、近代に変化の著しい盆栽の価値が、どのように試されてきたのか。盆栽に関する図書（雑誌）資料を紐解き、「盆栽」の記述を追うことで、「盆栽趣味の広がりと性格」を大観したい。

明治期における盆栽趣味の萌芽
―図書資料の検討から―

1 図書資料からみる盆栽の転換期

1-1 盆栽（はちうゑ）と盆栽（ボンサイ）

　明治期の図書には、園芸書や農業書に限らず、様々な分野の資料で「盆栽」について触れた記述がある。例えば「百科事典」「文例集」「趣味・実用書」「名士録」「産業記録」など、一般の人々も目にする図書に著された「盆栽」である。文章中には今と同じ漢字表記の「盆栽」も多いが、読み仮名を施し「はちうゑ（ハチウエ）」、あるいは「ボンサイ（ぼんさい）」と併記されている。本章では、国立国会図書館の蔵書を参照し、明治期の図書資料に「盆栽」はどのように記載されていたのか。「盆栽」に関連する図書に記録された用法を追うことで、近代に転換期を迎えたとされる「盆栽」の状況、現れ方を考察したい。まずは、盆栽の趣味研究に関する先行研究を、検索できる初年の 1880（明治 13）年[1] から確認する。大隈重信が盆栽趣味を牽引し、中江兆民に盆栽趣味があった。政財界の実力者が紅葉館、上野公園内で盆栽を陳列したことから、新しい時代の「盆栽」という背景がみえてくる。

　本稿は基礎資料として、岩佐亮二『盆栽文化史』(1976)[2]、池井望『盆栽の社会学：日本文化の構造』(1978)[3]、丸島秀夫「中国盆景と日本盆栽の呼称の歴史的研究」(1996)、依田徹『盆栽の誕生』(2014) 等の研究に示された、江戸時代から明治期の「盆栽」の呼称にかかわる論考を前提にしている。先達者の考察にも「盆栽」の発生時期については論点となっていることを踏まえ、本章では、図書に記述された「盆栽」の全体を大観することで、過渡期といわれる明治の盆栽の扱いを改めて確認する。

　はじめに「盆栽」の読み仮名を振り返る。現代の「はちうえ」「ボンサイ」は、用語としては「鉢植え」「盆栽」が一般的に定着しているが、江戸時代中期から明治時代前期にかけては、他の言い方を確認できる。例えば 1825（文政 8）年の春曙亭梅窓『鉢植生育抄』では、題に鉢植（はちうゑ）、本文に「盆植」「鉢樹」「盆樹」の用語が使用されている。また江戸時代後期、長生舎主人（栗原信充）『金生樹譜』には「植木（うゑき）」「庭樹（にわき）」「盆栽／植盆／鉢植（はちうゑ）」「美盆（うつくしきはち）」「盆樹

※　第1章掲載の図・写真のうちデジタルアーカイブのデータを利用したものの出典は章末 pp.60-61 に一覧として掲載した。

1　1880（明治 13）年の前後には、1876（明治 9）年「廃刀令」、1877（明治 10）年「西南戦争」、1877（明治 10）年「東京大学設立」、1881（明治 14）年「芝公園内の金地院跡に紅葉館落成」、1882（明治 15）年「大隈重信ら立憲改進党を結成」、「中江兆民『民約訳解』刊行」、「大隈重信ら東京専門学校（早稲田大学の前身）を設立」、「上野公園内に博物館・動物園開園」、1883（明治 16）年「鹿鳴館完成」、1889（明治 22）年「大日本帝国憲法発布」、1894（明治 27）年「日清戦争」などがあった。

2　岩佐亮二『盆栽文化史』「附表 1 盆栽史年表」八坂書房 1976 年は、前年の岩佐亮二「考証盆栽史大綱：社会事象としての盆栽」『千葉大学園芸学部特別報告』13 号 pp.1-156、1975 をもとに出版された。

3　池井望『盆栽の社会学：日本文化の構造』世界思想社 1978 年

（はちき）」とある。また 1818（文政元）年の岩崎常正（灌園）『草木育種』では、「盆栽（はちうへ）」「下種（たねまき）」「澆灌（こやし）」「培養（つちこしらえ）」「接法（つぎほう）」「植（う）へて」「伐木（きをきる）」「移樹（うえかえ）」「登盆（はちうえ）」「種樹（うえき）」など多様な表記である。

　同様に明治期の図書にも様々な字があてられており、「盆栽」以外にも「鉢植」、一部に「盆植」「鉢栽」の組み合わせがある。明治前期には、複数の図書で「盆栽」と書いて「ハチウヱ・ボンサイ」の読みが併記されており、一般的にはどちらの読み方も使われていたことを推測できる。

　園芸文化史研究で知られた岩佐亮二は『盆栽文化史』（1976）に、「盆栽」の「ハチウヱ」から「ボンサイ」の呼称の変化と定着について「振仮名によって購買層の増大をねらった出版元の商略」の可能性に触れており、盆栽の成立、また中国での用語を次のように説明する。

　　　現代の社会通念では、陶磁鉢その他の器物に植えた草木が、自然の景観から受ける豪壮、佳麗（かれい）、繊細などの感興を表現する場合を盆栽とよび、植物体本来の形、色、香りなどを直接的に観賞する、いわゆる鉢植えと区別する。そのような概念の分化は、1887 年（明治 20）ごろ一部の人々の間に発端し、その後ほぼ 40 年を要して通念化した。中国では、古来、盆栽の文字は通用せず、かわって、唐代の「盆花」、その後の「盆景」が、広義の盆栽（盆栽と鉢植え）にあてられてきた。[4]

4　前掲書、岩佐（1976）p.2

　岩佐の『盆栽文化史』研究は、1960 年代の急速に広まった盆栽趣味の流行を背景にしており、社会の要請に従って、盆栽史を取りまとめる必要があったと考えられる。そして、他に類をみない画期的（epoch-making）な盆栽通史であって、その後の盆栽史研究の起点となっている。横井冬時『盆栽考』（1892）から、雑誌『盆栽』を主宰した小林憲雄の論考、あるいは明治初期に盆栽趣味に入り、国風盆栽展開催の時期に老年期を迎えた実践者たちによる盆栽理論の試みは 1935（昭和 10）年前後に多く出版される。一方で戦後の盆栽は「第二芸術」としての芸術からの切り離しもあり（戦後世代の趣味層の獲得はなく、戦前の世代に対して）、leisure（レジャー）や hobby（ホビー）としての趣味の大衆化を引き起こすことになる。

　本章では明治時代の状況を確認するために、現代の盆栽研究の動向と進捗を確認しつつ、さかのぼって検索可能な「盆栽」を追

5　「通態性」は、オギュスタン・ベルクの現象学の用語で、「主体と客体がその二極間の往復を通して新たな運動を生み出す働き」を意味する。

6　検索には、池田雲樵『雲樵画譜 1.2』『雲樵画譜 1-5』『雲樵画譜 3.4』『雲樵画譜 5』の 4 件を確認できるが、そのうち、『雲樵画譜 3.4』の「4」に盆栽の掲載がある。そのため、表 1-5、No.16 以外の 3 件をシリーズによる重複とした。また通し番号 96 から 167 に検索される『橘流筑前琵琶（稽古本）』のシリーズは 146 件目のみが「盆栽樹」として「鉢の木」の物語であり、カウントができる。他の 71 件は「盆栽」がなく、単に同シリーズのため除外した。合わせるとシリーズは 74 件になる。

7　前掲書、岩佐（1976）p.2

8　前掲書、岩佐（1976）pp. 1-2

うことにした。まず 1880（明治 13）年から 1912（明治 45）年 7 月 29 日の明治期を振り返り「盆栽」の用法の変化、意味や扱われ方を確認する。ここでは近現代の「盆栽」の動きを「通態的」[5]に俯瞰することで、盆栽世界の転換期を踏まえた、「盆栽趣味の広がりと性格」の全体像を考える。

1-2　図書資料からみる盆栽

　国立国会図書館の蔵書検索機能は、徐々にオンラインで公開される範囲が増えている。現時点（2023 年 9 月 15 日）で閲覧可能なデジタルコンテンツを利用して、明治期の「盆栽」の呼称を本文から確認する。ここから「盆栽」の用語がどのように使用されてきたのか、実際に発行された図書の言説から確認を行う。

　まず最初に「国立国会図書館オンライン（NDL ONLINE）」の利用者登録を行い、キーワード「盆栽」を検索した。検索可能な明治期に当たる出版年 1880（明治 13）年〜1912（明治 45）年には、195 件（資料種別「図書」）の検索結果があり、そのうち 1912（大正元）年 7 月 30 日以降発行の 7 件、重複図書 3 件、琵琶稽古本のシリーズ等 74 件[6]を省くと、111 冊である。

　次に「盆栽」の表記のある 111 冊の図書を適宜 12 分野に割り、それぞれの「No.（検索順）／著者・題／出版社（者）・所在／発行年月（西暦・和暦）／該当文／読み方・備考／植物種」について抜き出すことにした。特に盆栽の読み方や特徴的な定義があれば表記し、植物種なども可能な範囲で、重要な記載と思われるものを表に写して考察対象とした。

　さて、園芸文化史研究の岩佐亮二は、『盆栽文化史』「序論」（1976）で、盆栽史の草分けとして、横井時冬『盆栽考』（1892）と開原亨『樹木盆栽論』（1910）を異色な存在として功績を称え、その後の「盆栽史の多くは、創始者横井氏の姓名を伏せながらも、その路線を踏襲してきたので、（中略）大綱の面ではさしたる進展を加えなかった」[7]と、特記している。

　その路線とは、盆栽の「創始を鎌倉時代の絵巻物『法然上人絵伝』・『春日権現験記絵』の中に見付け、同時代の随筆『徒然草』から公家日野資朝の故事を引き、室町初期の『申楽』『鉢の木』を取り上げ、江戸前期の風俗誌『人倫訓蒙図彙』の中の『植木屋』を図示し、後期の『甲子夜話』から当時の高揚した『奇樹異草』熱とこれに対する幕府の『停禁』を引用する」[8]などを指す。これらは以後の盆栽史に繰り返し示されている。

　また岩佐は 1976 年時点で、過去の樹種書を全般的に通読し、「盆栽・盆樹・盆植・登盆・植盆・鉢植」の文字と「はちうゑ」

の振り仮名があることを指摘した。そして「盆栽」が「はちう
ゑ」であったことを理由に、江戸時代に「盆栽（ボンサイ）」は
無かったとする、同時代の一部の指摘に対して「現下の『精』を
もって過去の『祖』を律してはならない」[9]として、広義の盆栽
の意義を認めている。

9　前掲書、岩佐（1976）pp.
2-3

　参考に、岩佐のまとめた『盆栽文化史』「附表 1 盆栽史年表」
の内、1801（寛政 13）年〜1867（慶応 3）年、1868（明治元）年
から第一回国風盆栽展の開催された 1934（昭和 9）年までの年表
を下記枠内に転記する。ここでは、1858（安政 5）年「大阪の草
楽園が文人植木の専業者として創業」し、「茶会」の流行、「盆栽
陳列会」の開催を経て東上、1871〜76（明治 4〜10）年頃になっ
て「政府要人盆栽賞玩、呼称単一化」したとする。幕末に京都・
大坂で流行したいわゆる文人植木は、江戸で流行していた園芸的
盆栽（はちうゑ）と専門業者（及び政府要人）によって東京に入り、
合流し、「盆栽（はちうゑ・ボンサイ）」の読みが併用される過渡
期を迎えた。新しい「盆栽」の用語を使用した人々の趣味と階層、
地域性、植物樹種の流行期が、複数の構成要素として交差するこ
とになった。

表 1-1　岩佐亮二『盆栽文化史』「附表 1 盆栽史年表」より転載

1801（寛政 13）年〜1867（慶応 3）年	1868（明治元）年〜1934（昭和 9）年
1801 寛政 13.　「四季の花」（喜多川歌麿）	1871 明治 4.　　　文人盆栽東上
1803 享和 3.　　「考槃餘事」和刻（源謙）	（山内容堂梨雪堂安井恒七に発注）
1808 文化 5.　　「占景盤」（墨江武禅）	1871〜76 明治 4〜9.　政府要人盆栽賞玩、呼称単一化
1827 文化 10.　「草木品家雅見」（金太）	1875 明治 8.　　「青湾茗醸図誌」（山中吉郎兵衛）
1829 文化 12.　「草木錦葉集」（水野忠暁）	1876 明治 9.　　「円山会図録」（熊谷直行）
1830 文化 13.　「金生樹譜」（長生舎主人）	1892 明治 25.　　「盆栽考」（横井時冬）
1836 天保 7.　　岩槻城主大岡主膳忠固将軍家慶に安行産の松	明治 25.　　「美術盆栽図」（田口松旭）
の盆栽を献ずる	1903 明治 36.　　「聚楽会図録」（木曽圧七）
天保 7.　　「江戸名所図会」（斉藤幸雄孝華）	1906 明治 39.　　同好会誌「盆栽雅典」（生島一編集）
1837 天保 8.　　「草木育種後篇」（阿部喜任）	1921 大正 10.　　雑誌「盆栽」（小林憲雄編集）
1858 安政 5.　　大阪の草楽園が文人植木の専業者として創業	1934 昭和 9.　　第一回国風盆栽展
1863 文久 3.　　「青湾茶会図録」（田能村直入）	
1866 慶応 2.　　「煎茶図式 . 草」（今村了庵）	
慶応 2.　　草楽園等瓢享で煎茶式の盆栽陳列会を開く	

2　国立国会図書館オンラインにみる「盆栽」図書

2-1　図書の検索設定

　国立国会図書館の蔵書検索システム「国立国会図書館オンラ
イン（NDL ONLINE）」（2023（令和 5）年 9 月 15 日時点）におい
て、出版年をさかのぼれる一番古い 1880（明治 13）年から 1912
（明治 45）年に絞って、キーワード「盆栽」を検索すると 388 件
である。1912 年は改元年になるため、改元後の大正元年 7 月 30
日以降は省き、資料種別「図書」を選択、検索結果から重複す

る 2 件、「盆栽」の語を確認できなかった琵琶稽古本 71 件、画譜 3 件を除外すると、検索結果は 111 件であった。他に「国立国会図書館サーチ」詳細検索では、タイトルを「盆栽」／出版年 1880 年～1912 年とした場合 294 件、「国立国会図書館デジタルコレクション」キーワード「盆栽」／出版年 1880 年～1912 年では、9040 件が検索される。本章では「国立国会図書館オンライン」から検索された 111 件を、帰納的に分類した結果、(1) 百科事典 (2) 文例集 (3) 教科書 (4) 画譜・目録 (5) 名所案内誌 (6) 栽培書（盆栽）(7) 栽培書（園芸）(8) 栽培書（農業）(9) 趣味・実用書 (10) 名士録 (11) 煎茶会図録 (12) 産業記録の 12 分野の出版物として確認を試みる。

2-2　図書資料のまとめ
(1) 百科事典

最初に分類したのは「百科事典」である。横本と呼ばれる和綴じの小型サイズで、いずれも大阪の発行所から出版され、明治 10 年代から 30 年代にかけて広まりをみせた銅版画（エッチング）によって刷られている（写真 1-1）。樋口文二郎（編）『記臆一事千金：現今活用』は（正）（続）（続々）と発行が続いており、内容に「電車賃・独学の法・各大概（カクアラマシ）・各心得・料理法・図式・文例」など、実用的な知識・情報が網羅され（「盆栽」の記述は（正）に記載）、販売の需要があったと考えられる。

国立国会図書館の蔵書には、表 1-2 の No.1 樋口文二郎は 1886（明治 19）年から 1888（明治 21）年にかけて、同じく No.2 の沢田誠武は 1887（明治 20）年から 1894（明治 27）年にかけて、実用書を中心に多くの著作があったことがわかる。当時、小型百科事典は、類似する多様な出版物を確認できるが、内容の共有もあり、No.1 と No.2 は異なる著者・出版社でありながら同じ銅版が使用されている。盆栽の説明が詳しく、読みは「ハチウヱ」「ボンサイ」と併記しており、紹介する樹種も「万年青・蘭・朝顔・櫻草・水仙・竹・牡丹・芍薬・カキツバタ・菊」など、現代では盆栽とは別の鉢植え・園芸分野として独立している樹種を含んでいる。明治 10 年代、同 20 年代は広義の意味での「盆栽」の使用と、流行樹種が含まれている。

続けて No.1 と No.2 の内容に、項目として「盆盛石圖式之概畧（ボンセキズシキノアラマシ）」が「盆石」の紹介としてあり、「いけばな」と対に

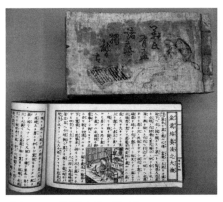

写真 1-1　百科事典（横本）

表1-2　百科事典

No.（検索順）	著者・題	出版社（者）・所在	発行年月（西暦・和暦）	該当文	読み方・備考	植物種
1（19）	樋口文二郎（編）『記臆一事千金：現今活用（正）』	忠雅堂（赤志忠七）／大阪東	1886（明治19）年3月（10月再版、11月2版）	164頁（132）盆盛石圖式之概畧、168頁（133）鉢山図式並培養法、174頁（138）盆栽培養法之大概、178頁（142）庭造之心得並図式、他	盆盛石「ボンセキ」、挿花「イケハナ」、席玩物「トコカザリ」、盆中「ボンチウ」、風景「フウショク」、景色「ケイショク」、技藝「ギゲイ」、盆山「ボンザン」、鉢山図式「ハチヤマヅシキ」、占景盤「センケイバン」、鉢ニ栽エル「ハチニウエル」、盆栽「ボンサイ（タイトル）」、盆栽「ハチウエ（本文中）」、盆栽物「ハチウエモノ」、花盆「セキダイ」	蘭・百両金（カラタチバナ）・松・蘇鉄・杜松木・石斛・梧桐・石竹・朝顔・櫻草・青蘭・水仙・藤・葡萄・建蘭・馬蘭・牡丹・芍薬・カンリョウ・ヤブコウジ・茶・柑類・桃・菊・カキツバタ・セキショウ
2（26）	沢田誠武（編）『国民之宝：日用百科 第五巻 学芸編（中）』	嵩山堂（青木順三郎）／大阪南	1891（明治24）年4月	164頁（132）盆盛石圖式之概畧、168頁（133）鉢山図式並培養法、174頁（138）盆栽培養法之大概、178頁（142）庭造之心得並図式、他	『記臆一事千金：現今活用』と同じ内容で、銅板を使用。第一巻から第六巻まであり、第五巻学芸編は上中下がある。	※同上
3（169）	尚文館編輯局（編）『国民百科全書』	尚文館／大阪東	1910（明治43）年12月	24頁（二〇）盆栽、27頁（二一）盆石、28頁（二二）園藝	「植物栽培中これを陶磁器に植えて随所に天然を楽しむものを盆栽と云う」※盆栽についての振り仮名無し。「盆と鉢」「植込」「培養法」「保護法」の記述がある。	(1)観葉樹木（松柏類、欅、桐、竹、楓）(2)観実樹（石榴、桃李、柑橘）(3)観花樹（梅、櫻、山茶、茶梅、藤、薔薇）(4)草花（万年青、蘭、観葉草）

なる床飾りとして「活花独稽古大概（イケバナヒトリゲイコアラマシ）」に続けて配置されている。また「鉢山図式並培養法」「盆栽培養法之大概」「庭造之心得並図式」は別項目にあり、「活花」「盆石」と「庭造」の間に「鉢山」を一分野として置き、「盆栽」を独立した位置付けで解説する。現代では扱われる機会の無い「鉢山」と呼ばれる分野（本書表紙・裏表紙『占景盤図式』も一例）が独立し、この時期に「盆栽（ハチウエ・ボンサイ）」と並んで示されていた点が興味深い。

　『記臆一事千金：現今活用』の「鉢山」の記述には、「寸尺ノ盤中ニ土を盛 石ヲ居 樹ヲ栽 仮山ヲ造ヲ漢名ニ縮景盤 或ハ占景盤ト号ク 之僅少ノ盤中ニ好景ヲ縮メ摸シテ我物ト為トノ意 之本邦ノ世人 是ヲ鉢山ト称セリ」[10]とあり、「鉢山之造様」「石之種類」「植物置物ノ心得」「培養ノ心得」「鉢山総躰全備之図」として14種の図版（図1-2／1-3はそのうちの10種）、「置物之図」として

10　樋口文二郎（編）『記臆一事千金：現今活用（正）』忠雅堂、1886年（10月再版、11月2版）、「(133)鉢山図式並培養法」p.168

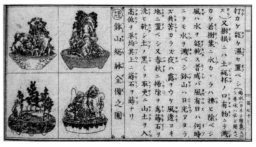

図1-1／1-2　樋口文二郎（編）『記臆一事千金：現今活用（正）』「鉢山総躰全備之図」（見開き）忠雅堂 pp.170-171、1886（明治19）年

図1-3 『占景盤図式（天／地）』「風趣の高い盆松」

図1-4 『占景盤図式（天／地）』「染付けの
創始を思わせる陣笠鉢」

「塔・鐘樓・亭・橋・門・屋茅・碑・樓・舩・舟・廊」などの添景が紹介される。

　この鉢山の図版（図1-1／1-2）については、1826（文政9）年に出版された墨江武禅（著）／墨江愛山（編）『占景盤図式（天・地）』（図1-3／1-4）からの引用（グレーにした2点他全14点）を確認できる。墨江の木版画の原本から『記臆一事千金：現今活用』では、銅版画に置き換えて図としている。同じ大阪（大坂）の発行であり、出版年としては約60年の隔たりがあるが、後者の製版において、木版画で製作された『占景盤図式』を参照した可能性が高い。

　そして同書の「盆栽培養法之大概」については、「草木ヲ盆

図1-5 前掲書、樋口（1886）「盆栽
培養法之大概」杜松木 石
斛 梧桐 p.175

（ハチ）ニ栽（ウエ）ル心得」とし、「盆栽（ハチウエ）ハ土乾カズ湿ズ能下ヘ水ノ抜ル様ナスヲ第一トス」と解説、盆栽として「蘭・百両金（カラタチバナ）・松・蘇鉄」の記載がある。続いて「土ノ善悪ノ㪅（コト）」「水ヲ注グ心得」「肥シ土培養ノ心得」の解説があり、植物名としては「杜松木・石斛・梧桐・石竹・朝顔・櫻草・青蘭・水仙・藤・葡萄・建蘭・馬蘭・牡丹・芍薬・カンリョウ・ヤブコウジ・茶・柑類・桃・菊・カキツバタ・セキショウ」（図1-5）を示して、それぞれの培養の要点を簡潔に説明する。興味深いことに、これらの植物種は、現在の盆栽の範囲に馴染まないものが多い。明治期初期の「盆栽」の樹種は、広義の「鉢植」を包括しており、「盆栽（ハチウエ）」読みの通り、「盆栽（ボンサイ）」の範囲は広く「盆栽（ハチウエ）」と理解されていた。

次に、同時代の小学校実用図書を確認してみる
と、NDL ONLINE 検索では「盆栽」に対する検索
結果（対象図書）としては出てこないが、類似する
本がみつかる。例えば、1885（明治18）年の伴源平
（編）『現今活用全書：万民実益』、さらに1886（明治
19）年の伴源平（編）『貴女至宝大全活用姫鏡』である。
これらは発行人北尾禹三郎の名で、同じ銅版画の使用
と同様の記事構成、内容を確認できる。国立国会図書
館の蔵書には、1874（明治7）年から1891（明治24）
年にかけて伴源平の編著の図書資料が90件ある。単
著は、実用書全般「教科書」「色図」「往来物」「実用
書」「歴史書」「字引」等、分野としては多岐にわたっ
ており、同じ大阪東から発行された樋口文二郎と沢田
誠武の実用出版物の範囲は共通している。

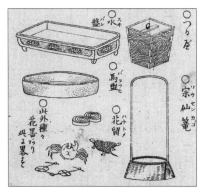

図 1-6 伴源平（編）『諸芸独稽古：万民有益』「花器名目図式」和田庄蔵 p.34、1886（明治19）年

　伴源平の図書について、さらに検索に出てこない箇所を手持
ちの図書から詳しく読むと、1886（明治19）年に、伴源平（編）
『諸芸独稽古：万民有益』「床の間の飾を拝見する心得」があり、
「床間ノ生花（イケハナ）盆石（ホンセキ）香炉（カウロウ）席玩
（オキモノ）盆栽（ボンサイ）等ヲ飾リ有ハ掛物ヲ拝見シテ後ニ是等
ノ飾物ヲ拝見」[11] とある。本文には「盆栽」の記載があり、盆栽を
床飾りの一つとしてまとめていることから、当時の人々の理解と
して、「盆栽」の語は広く使われる存在になっていたと推察される。

11　伴源平 （編）『諸芸独稽古：万民有益』和田庄蔵（出版人）pp.13-14、1886 年

　また同書の「花器名目図式」の項目では、生花（活花）に使用
する花器の図があり、「水盤」「馬盥（バタラヒ）」、「花留」に亀
や蟹（盆栽の添景ではなく花留）がみえる（図1-6）。さらに当時の
生花の教本には盆栽と同様に、三点構図を取るものが水盤飾りと
して頻出しており、生花の水盤飾りと盆栽の樹の形、飾りの構図
の近似性も確認できる。以上のことから1886（明治19）年当時
に、床の間に盆栽が飾られ、その心得を伝えるところまで共有さ
れていた。

　他にも同時代の伴に関する図書で、1881（明治14）年発行の
伴源平（編）『浪華みやげ』には、「江湖人情客眼（よのなかにん
じゃうきゃくまなこ）盆栽見る客」があり、人の表情の特徴を目
と眉の周辺図で紹介している。江湖（こうこ）は「世の中」「世
間」の意味で、「隠士の住む所」という意味もある。顔の表現
（図1-7）は、1906（明治39）年創業の博多東雲堂「二〇加煎餅」
（グレー部分）の菓子のデザインに類似する。本文には、都市の暮
れの夜市の盆栽（「盆さい」と表記）店で梅の種木についての会話
となっている。盆栽園が誕生する前は盆栽の素材は一般に縁日で

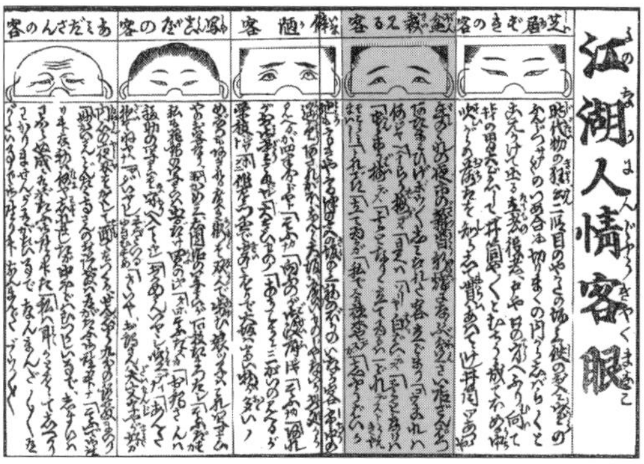

図 1-7　『浪華みやげ』「江湖人情客眼（よのなかにんじゃうきゃくまなこ）盆栽見る客」

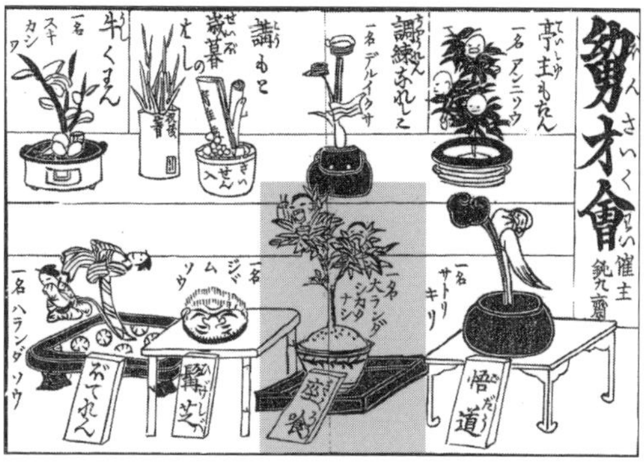

図 1-8　『浪華みやげ』「鋺才会（ぼんさいくゎい）」

売られていた。この話も縁日で鉢植えや盆栽の素材を扱う店が出ており、盆栽素材目当ての客の話となっている。

同書の別の頁には、「鋺才会」（ぼんさいくゎい）があり、例えば鉢植えの図は「座食（ざくろう）」（図 1-8 グレー部分）と札がある。異国風情があって流行した樹種「石榴・柘榴（ざくろ）」とかけて、他にも盆栽に見立てた鉢飾りを陳列し、挿絵としてユーモラスに紹介する。

さらに、樋口（口述）と伴（編集）による著書が 1 冊ある。1889（明治 22）年『教育子供演説：いろは格言』（図 1-9）は、子ども向けの演説（物語）47 篇と、それに合わせた格言集になっている。その中の「西瓜の昔自慢の話」（図 1-10）には盆栽棚のある庭が描かれ、「朝鮮壺浮沈の話」には床の間に盆栽の置かれた挿絵がある。内容を読むと盆栽と関係のない場面で盆栽を挿絵に描いている。大阪での盆栽の流行を受けて、生活場面として身近に置かれた盆栽を挿絵として描いたものと考えられる。それぞれの「子供演説」（物語）も面白く、多くに擬人法が使われ、児童向けの短編及び格言集になっている。

同書の内容を紹介すると、「西瓜の昔自慢の話」は西瓜（すいか）と甜瓜（まくわうり）の会話から、近頃の寒氷（寒天と砂糖を練り固めた干菓子）が売れ、自分たちに人気の無いことを憂う。しかし昔々と古いことをよいように言う人もあるが「昔の刀剣、今の菜刀」といって、何事にも沿革（よかった時期）があり、盛衰の状況に合わせる必要があり、人気はその時々であることを説く。挿絵（図 1-10）には西瓜と甜瓜はみえないが、庭の盆栽（蘇鉄、竹、梅、石付きなど）に如雨露（じょうろ）で水やりをする男性が描かれる。また、「朝鮮壺浮沈の話」（図 1-11）は骨董品の壺が様々な用途に転用され、最後は手元火鉢として持ち主に大事に

されたという話で、まとめには「弓もひき方」の喩えを引用し「人物でも器財でも。用ゐかたで適当するな」[12]とある。挿絵（図1-11）には壺が児童の頭部として擬人化して描かれ、棚の前に台（卓）と盆栽の枝が描かれている。

　他には盆栽の挿絵は無いものの、同書には、盆栽が主題になっている「杜松木（むろのき）の幸不幸の話」があり、下記に全文を転記して紹介する。短い話で、山取りの松の木が盆栽好きの人によって仕立てられ、鑑賞されたが、そのまま山に育った松は切られて、蚊を除けるための「蚊くすべ」に焚かれてしまったという話で、松の山木の行方が面白い。ここから「童兒よ『氏よりも育ち』と云卑賤者も善き教育を受けて其れを能く守れば。衆諸に讃られ敬はるゝぞ」という格言で締めくくる。

> 或山に生たる松揚（むろのき）の植木屋の手にわたり。枝のふり悪き處を撓められ。或いは悪き枝を伐とられて。良き枝ぶりの木と成り。栽木鉢（うえきばち）へ移しうえられて棚の上に他の樹と並べ置れたり。而して四五日も経に。盆栽好の人来りて目にとまり。甚だ賛成して植木屋に求め。持帰り猶手入をするに。彌々（いよいよ）よき盆栽となれば。愛して台にそゑ床間のおきものにも用ひたり。又山にのこされし他の松揚は自恣（わがまま）に生たちて枝ぶりも悪く。賞する人も非ず。終には伐木しられて。蚊くすべに用ひられたり
>
> 　　童兒よ「氏よりも育ち」と云卑賤者も善き教育を受けて其れを能く守れば。衆諸に讃られ敬はるゝぞ[13]

　最後に伴源平によって著作された、1882（明治15）年の『大阪名所独（ひとり）案内』[14]は、森琴石による銅版画入りガイドブックで、大阪市内の名所109カ所が紹介され、大阪園芸会『華』の発起人の一人である松井吉助邸の入口が描かれる（図1-12）。松井吉助は大阪で著名な植木屋で、飛田範夫「大坂の植木屋と花屋」(2023)[15]には「元禄年間（1688-1703）に瓦屋町三番町（高津宮の西側、中央区瓦屋町3丁目辺りか）で植木屋を始め、代々吉助を名乗っていたという。江戸時代には牡丹で有名だった」[16]とあり、当時（幕末から明治初期）の浮世絵にも南粋亭芳雪の作で、『吉助牡丹盛り（浪花百景）』を確認できる（図1-13）。飛田の説明には、「高津の吉助の店は個人経営だったが、江戸でも評判になるほど大規模なものだった。天満天神・下寺町の植木屋は、神社や寺院の参拝客を目当てにして始まり、次第に軒数を増やしていったらしく、江戸時代中頃には株仲間を結成して大坂

図1-9　『教育子供演説：いろは格言』「表紙」

図1-10　「西瓜の昔自慢の話」

図1-11　「朝鮮壺浮沈の話」

12　樋口文山（述）伴源平（編）「朝鮮壺浮沈の話」『教育子供演説：いろは格言』赤志忠雅堂 p.62、1889年

13　同上、「西瓜の昔自慢の話」p.38

14　朝日新聞社会部（編）『大阪・いまとむかし；附：大阪名所独案内』中外書房 1967年に再掲される。

15 飛田範夫「大坂の植木屋と花屋」https://www.jstage.jst.go.jp/article/jila1994/63/5/63_5_357/_pdf（検索日：2023年9月24日）、飛田範夫『日本庭園の植栽史』https://repository.kulib.kyoto-u.ac.jp/dspace/bitstream/2433/65849/4/Hida2002b.pdf（検索日：2023年9月1日）

16 同上書、p.358

17 同上書、p.360

18 【第3回】『華』（大阪園芸会、明治40年創刊）①、大宮盆栽美術館蔵〔『盆栽春秋』第574号、令和2年12月刊〕03『華』（大阪園芸会、明治40年創刊）①『盆栽春秋』574号（検索日：2023年9月15日）

19 【第4回】『華』（大阪園芸会、明治40年創刊）②、大宮盆栽美術館蔵〔『盆栽春秋』第575号、令和3年1月刊〕04『華』（大阪園芸会、明治40年創刊）②『盆栽春秋』575号（検索日：2023年9月15日）

図1-12 『大阪名所独案内』「松井吉助亭」熊田司（編）／伊藤純（編）『森琴石と歩く大阪 明治の市内名所案内』東方出版 p.107、2009年

図1-13 六花園芳雪『吉助牡丹盛り（浪花百景）』

一体の販売独占を企てている」[17]とある。

　日本初の盆栽の専門誌である大阪園芸会『華』は、1907（明治40）年に創刊された雑誌で、松井吉助邸を事務所に置き、明治の末期に盆栽陳列会を開催するなど、大阪を拠点にした盆栽園のつながりと、会員による盆栽ネットワークの先駆けとして機能した。大宮盆栽美術館の歴史資料【第3回】[18]【第4回】[19]記事には、大阪園芸会の「発起人」（1907（明治40）年11月時点）に、松井吉助の他に12園が名を連ねたとする。その中には関東へ文人植木を積極的に仲介した三樹園もみえる。記事によるとその後1909（明治42）年7月の「北の大火」の影響もうかがえ、同年12月には、松井吉助は廃業していたと類推する。

　いずれにしても京阪の文人趣味の影響で盆栽は席飾りになり、大阪の印刷業の発展、銅版画による図書への記載、植木商の盆栽雑誌発行まで、関西を拠点とした盆栽の始まりと流行の一端を確認できる。

（2）文例集

　次に実用的な作文例を各場面に応じて紹介する図書「文例集」である。111件のうち、7件を該当とした。日常生活の各場面でどのような文章を使用することが適切か、「往来物」（手紙の往来）として、実用的な文例を確認する形式の図書である。場面ごとの応答を通して、語彙や熟語の学習にも使用したと考えられ、振り

仮名は当時の実際の読み方が掲載されている可能性が高い。

　同様の図書は、明治期には大阪と東京の出版が多く、「盆栽」の語を確認できるのは表1-3に記載したものがある。1877（明治10）年代に発行されたNo.4〜10の7冊のうち、読み仮名に「はちうえ（ハチウエ）」「ぼんさい（ボンサイ）」が併記されているものが4冊ある。他にも久保田梁山『小學：女子作文五百題（巻二）』には、盆卉「ボンキ／ハチウイ」、盆養「ハイヤウ／ヤシナイ」の各併記、安田敬齋『再刻：記事論説文例（弐）』には、培栽「バイサイ／ウヘル」の併記、久保田梁山（編）『官民開化：日用文証』には、培養「ばいやう／ヤシ」の併記、關口直吉／小俣孝太郎（編）『小學：初等作文教授本（巻下）（訂正四刻）』に垂梅「スキバイ／シダレウメ」、二盆「ニボン／フタハチ」の併記を確認できる（表1-3）。

　このことから、語の読み方に関しては「盆栽」に限らず、他に類似する栽培用語に関しても、音読みと訓読み（または複数の読

表1-3　文例集

No. (検索順)	著者・題	出版社（者）・所在	発行年月 （西暦・和暦）	該当文	読み方・備考	植物種
4（1）	久保田梁山『小學：女子作文五百題（巻二）』	木村文三郎／東京日本橋	1880（明治13）年3月	目次（九）元旦ニ女婿（ジョセイ）ノ方へ盆栽（ボンサイ）ヲ贈ル文／十同答	盆栽「ボンハ（サ）イ」「ハチウエ」併記、盆卉「ボンキ」「ハチウイ」、盆養「ハイヤウ」「ヤシナイ」、各併記	アミガサユリ、櫻草
5（6）	安田敬齋『再刻：記事論説文例（弐）』	前川書屋／大坂東	1880（明治13）年9月（再版）	17頁（八）盆栽ノ記「盆中花木ヲ培養シ、山水ヲ假造スルモノ、之ヲ盆栽ト云、能ク千里ノ大ヲシテ方寸ノ間ニ縮ス技モ亦巧ト謂フベシ」（略）	盆栽「ボンハイ」、盆中花木「ボンチウクハボク」、培栽「バイサイ」「ウヘル」	花木
6（7）	久保田梁山（編）『官民開化：日用文証』	松林堂／東京日本橋	1881（明治14）年1月	28頁（十四）盆栽を贈る文	盆栽「ぼんさい」、培養「ばいやう」「ヤシナ」	菊、百両金（カラタチバナ）
7（8）	安井乙熊（編）『頭書類語：書牘案文』	霊湖堂／東京深川	1881（明治14）年1月	22頁（十）、盆栽之牡丹を贈る文	盆栽「ぼんさい」、培養「ばいやう」、花壇「クワダン」、栽培「サイバイ」、鉢「ハチ」	牡丹
8（10）	本多三樹（編）『要語附録：四季用文（上）』	文林堂／静岡	1881（明治14）年6月	（六四）盆栽の養をすることを述べる文	目次に「ぼんさい」、六四に「ぼんさい」「ハチウエ」併記	※記載なし
9（12）	文學社（編）『小學作文全書（七下）』	文學社／東京本町	1883（明治16）年7月	7頁、盆栽の草花を贈る文	盆栽「ボンサイ」「ハチウエ」併記	（草花）
10（14）	關口直吉／小俣孝太郎（編）『小學：初等作文教授本（巻下）（訂正四刻）』	阪上半七／東京日本橋	1884（明治17）年11月	75頁（五十七）盆栽の梅花を贈る文	盆栽「ボンサイ」「ハチウエ」併記、盆室「ムロ」、垂梅「スキバイ」「シダレウメ」、二盆「ニボン」「フタハチ」併記	梅花、垂梅
11（24）	伊東榮次郎（編）『頭書類語：新選用文』	金鱗堂／東京芝	1889（明治22）年5月	22頁（十）盆栽之牡丹を贈る文	盆栽「ぼんさい」、培養「ばいやう」	牡丹
12（34）	小中村義象『新撰書翰文（巻五）』	吉川半七／東京京橋	1897（明治30）年12月	82頁、盆栽を借る文	※振り仮名なし	松

み方）の併用が多くあったことがわかる。

20　前掲書、岩佐（1976）p.109

　岩佐亮二の考察[20]には、江戸時代に「盆栽・盆植・盆樹・鉢植・鉢栽・植盆・登盆」を総じて「ハチウエ」と訓じていたが一部「文人植木」が京阪にあり、その後、明治初期には新政府要人を支持者として音読みの「盆栽（ボンサイ）」が通用されたとする。

　そして誠文堂新光社『最新園芸大辞典』（1968）に記載される一説として、「盆栽（ボンサイ）」の音読みは「西園寺公望の創見」、三省堂編修所『盆栽』（1954）に掲載されている清水利太郎（瀞庵）の談話として「愛盆家の要人（某）と趣味家の筆頭永井磐谷・田口松旭が相会した際、話題の一端として名称の件が取り上げられ、同席した文人村瀬秋甫が『盆栽』を提案した」との説をあげる。

　結果的には、「折角承知した音読みも庶民の間の訓読みに圧倒されたまま明治に及んだ」とするように、「盆栽（ボンサイ）」の読みは1877（明治10）年代から1887（明治20）年代にかけては新しい呼称であった。同時に重要なのは、「盆栽」の読みに限らず、多くの栽培用語は音と訓で併記されており、「盆栽」も多くの語彙と同じように音訓が併用され、当てる字の違いも含めて、変化する過渡期にあったことである。

　また、盆栽（はちうゑ・ボンサイ）の樹種については、狭義の「盆栽」ではなく、現在の鉢植えを含む広義の「盆栽」を意味しており、例えばNo.4〜6にある植物の種類は「アミガサユリ、櫻草、菊、百両金（カラタチバナ）」である。他にも「牡丹・梅・松」等の明治前期の流行樹種を反映させている。

　1922（大正11）年4月号より『盆栽』誌発行・編集人となった小林憲雄の『盆栽』1967（昭和42）年10月号「ごあいさつ」では、雑誌を発行していた昭和期の盆栽運動の「意図抱負」の一つとして、「盆栽と鉢植と差別されていない、これをはっきりするべきだ」[21]と主張する。小林は、盆栽誌の発行を通じて度々盆栽の範囲を示し、狭義の盆栽を区切る意識的な啓蒙を行った。

21　日本盆栽協会『昭和の盆栽譜－国風盆栽展五十年の歩み』p.261、1983年

　盆栽の「盆」の訓読みは「はち」であり、「栽」は「う（え）」であった。盆栽（はちうえ）は読み方と範囲、展示方法の紹介、木のつくり方も研究が進み、1877（明治10）年代から1887（明治20）年代にかけて狭義の「盆栽（ボンサイ）」が形になっていく。徐々に範囲を整えた「盆栽（ボンサイ）」の読みは大正時代にかけて広く一般に浸透し、盆栽（はちうゑ）の時期があったことを後の時代にみえないものとした。また、盆栽の分類方法で「観葉樹」としていた樹種は、のちに「観葉植物」という新しい鉢植えの範囲に定着した可能性がある。概念と樹種の範囲が区切られ、

意味や理解が広まり、「盆栽（ボンサイ）」と「盆栽（ハチウエ）＝鉢植え（ハチウエ）」に用語が変わったと考えられる。

(3) 教科書

次に表 1-4 にあげた教科書について、No.13『小学日本画帖：高等科用（巻二）』は画帖であり、小学校高等科図画の臨画教育の手本として用いられたものである。執筆者は日本画家の深田直城で、明治期に京都で四条派に学び、京都画学校に出仕後、1886（明治 19）年より大阪画壇の中心メンバーとして活躍した。これらの教科書は粉本主義による教育法で、当時多くの画家が作画協力したが、付立（水墨淡彩）による下絵を、手本として木版画で刷ったものである。採用された学校数や範囲は不明であるが、時期としては「鉛筆画・毛筆画論争」があり、毛筆画と鉛筆画の教科書が授業に併用されていた期間と考えられる。

文部科学省「学校系統図」（第 4 図、明治 33 年）[22] によると、教科書の発行された 1900（明治 33）年は「小学校令」（明治 33 年勅令第 344 号）の施行された年で、10 歳から 2 年間（一部 3 年間、または 4 年間）が小学校高等科にあたる。1891（明治 24）年制定の「小学校教則大綱」には「第九条　図画ハ眼及手ヲ練習シテ通常ノ形体ヲ看取シ正シク之ヲ画クノ能ヲ養ヒ兼ネテ意匠ヲ練リ形体ノ美ヲ弁知セシムルヲ以テ要旨トス」[23] とされており、図画は墨線による描画を行っていた。

岡山の細謹舎より発行された『小学日本画帖』は全て 1900（明治 33）年 12 月の発行で、改正後の出版となっている。全 8 巻の画帖を確認できるが、徐々に課題が難しくなっており、『小学日本画帖：高等科用（巻二）』には「盆栽（ぼんさい）」の表記で、

22　文部科学省「学校系統図」（第 4 図、明治 33 年）https://www.mext.go.jp/b_menu/hakusho/html/others/detail/1318188.htm（検索日：2023 年 9 月 24 日）

23　明治 24 年文部省令第 11 号（1891 年（明治 24 年）11 月 17 日公布）「小学校教則大綱」には、引用に続けて「尋常小学校ノ教科ニ図画ヲ加フルトキハ直線曲線及其単形ヨリ始メ時々直線曲線ニ基キタル諸形ヲ工夫シテ之ヲ画カシメ漸ク進ミテハ簡単ナル形体ヲ画カシムルヘシ」「高等小学校ニ於テハ初メハ前項ニ準シ漸ク進ミテハ諸般ノ形体ニ移リ実物若クハ手本ニ就キテ画カシメ又時々自己ノ工夫ヲ以テ図案セシメ兼ネテ簡易ナル用器画ヲ授クヘシ」とあり、最後に「図画ヲ授クルニハ他ノ教科目ニ於テ授ケタル物体及児童ノ日常目撃セル物体中ニ就キテ之ヲ画カシメ兼ネテ清潔ヲ好ミ綿密ヲ尚フノ習慣ヲ養ハンコトヲ要ス」とある。

表 1-4　教科書

No.（検索順）	著者・題	出版社（者）・所在	発行年月（西暦・和暦）	該当文	読み方・備考	植物種
13（38）	深田直城（画）『小学日本画帖：高等科用（巻二）』	細謹舎／岡山	1900（明治 33）年 12 月	（三）盆栽	※振り仮名なし	蘭、その他
14（61）	三好學『新編植物學講義（下）』	富山房／東京神田	1905（明治 38）年 5 月	735 頁、盆栽	※振り仮名なし、「我邦一般ニ行ハルル盆栽ハ単ニ植物ヲ鉢植トナセルモノニアラズシテ、故（ことさ）ラニ植物ノ幹枝花葉ニ形態上ノ変化ヲ起サシメ、以テ詩的趣味ヲ帯バシムルヲ目的トスルモノナリ」	まつ、すぎ、いぶき、ひのき、かや、その他の松柏科植物、うめ、もも、ざくろ、ふじ、もみぢ、つつじ、おもと、まんりょう、なんてん、そてつ、いわひば、種種の羊歯など。
15（64）	啓成舎編輯部（編）『中等国語作文書参考書（上巻）』	啓成舎／東京下谷	1905（明治 38）年 11 月	51 頁、第一課 復文「学校の植樹と生徒の盆栽」	※振り仮名なし	

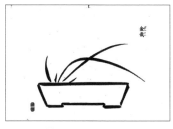
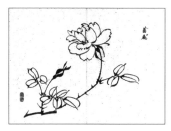

図1-14 『小学日本画帖：高等科 　　図1-15 『小学日本画帖：高等 　　図1-16 『小学日本画帖：高等科
　　　用（巻二）』「三．盆栽」 　　　　　　科用（巻五）』「二．薔薇」 　　　　　用（巻八）』「二．仏手柑」

盆に植えられた四君子の蘭（図1-14）が描かれている。線による
簡潔な描写であり、直線に難しさはあるものの「巻二」として、
比較的平易な課題である。一方で例えば「巻五」（図1-15）、「巻
八」（図1-16）になると水墨の濃淡もあり、段階的に高度な画題
になっている。他に課題とされている栽培植物としては、組み合
わせの対象も含むと、巻一「朝顔の葉、笹」、巻二「盆栽、櫻
花」、巻三「草、薄」、巻四「柿、蕨、紅葉」、巻五「柚子と蜜柑、
薔薇、葡萄、女郎花に桔梗」、巻六「慈姑、椿、朝顔、若松、蓮」、
巻七「梧桐」、巻八「菊、仏手柑」がある。

　なお、「盆」は薄い容器に穴の開いたもの、「鉢」は深型のもの、
「盤」は薄い容器に穴の開いていないもので、水盤は特に水を張
って使用したものである。

　No.15 三好學『新編植物學講義（下）』は植物学専門書で、盆
栽は「我邦一般ニ行ハルル盆栽ハ単ニ植物ヲ鉢植トナセルモノニ
アラズシテ、故（コトサ）ラニ植物ノ幹枝花葉ニ形態上ノ変化ヲ
起サシメ、以テ詩的趣味ヲ帯バシムルヲ目的トスルモノナリ」と
して、樹種は「まつ、すぎ、いぶき、ひのき、かや、その他の松
柏科植物、うめ、もも、ざくろ、ふじ、もみぢ、つつじ、おもと、
まんりょう、なんてん、そてつ、いわひば、種羊歯」が示される。
著者の三好は「天然記念物」（Naturdenkmal）の概念を広め、「景
観」の語を生んだ学者であった。

(4) 画譜・目録

　表1-5 No.16『雲樵画譜3、4』は、池田雲樵（1825（文政8）
年～1886（明治19）年）の下絵を木版画刷りによって発行した
もので、全30図のうち次頁6図に盆栽（ボンサイ）等が描かれ
ている（図1-17～1-22）。池田雲樵は幕末に津藩絵師であったが、
著書の発行と同じ1880（明治13）年、京都府画学校の南宗画（文
人画・南画）の教員として出仕している。1886（明治19）年に亡
くなるまで、多数の絵手本を制作したとされ、『雲樵画譜』によっ

表 1-5　画譜・目録

No. (検索順)	著者・題	出版社（者）・所在	発行年月 （西暦・和暦）	該当文	読み方・備考	植物種
16（4）	池田雲樵『雲樵画譜 3、4』	細川清助／京都上京	1880（明治 13）年 12 月	1 四君子部 2 草花部 3 艸花部 4 花瓶盆栽部 5 人物橋梁部	『雲樵画譜 4』は全 30 図のうち、以下の 6 図に盆鉢が描かれていることを確認できる。※臨画の掲載のみ	蘭、棕櫚、南天、松、梧桐
17（27）	杉元平六『南越絵画共進会出品目録』	南越勧美会／福井	1891（明治 24）年 6 月	※画題「盆栽狆図」福井市、岡崎晩山の情報のみ。	※展覧会の目録	不明

図 1-17～1-22　『雲樵画譜 3.4』全 30 図のうち盆鉢の描かれる図 6 点

て「絵事著述褒状」を受けた。1882（明治 15）年には、第 1 回内国絵画共進会で賞状、第 2 回で銅賞を受賞している。描かれたものは、いずれも文人が日常で使用する、台（卓）や茶器、奇石、添景等であり、盆栽や瓶花と文房具が飾られていた場面である。読み仮名はないが、池田は文人画家であることから、読みは中国風の「ボンサイ」であっただろう。明治初期の京都での飾り方の参考になる資料で、盆栽の初期の形態といえる。図には、四角い盆器はなく、水盤が一つ、他は円形の鉢（笠鉢、太鼓鉢、南蛮など）である。

（5）名所案内誌

　次に名所案内誌は、表 1-16 の No.18／19 の 2 冊が『京都名所案内図会』である。京都市内で盆栽を販売していた業者 5 名（土岐耕雲／水谷惣之助／小林喜助／齊藤伊三郎／百芳園竹次郎）を確認することができる。土岐は 1915（大正 4）年の『人事興信録』に「京都府士族」「資産家」[24] とあり、1837（天保 7）年生まれで、この時に既に高齢である。明治前期の盆栽商、盆栽図書の奥付には執筆者として士族の記載が多くあることから、武士の商売として盆栽職への転進や、図書執筆への協力があったことがうかがえる。武家屋敷の庭園を管理した植木職人と士族には元々の接点が

24 『人事興信録』（第 4 版）（1915（大正 4）年）土岐耕雲には、生年月日「天保七年十二月二十日（1837）」、爵位・身分・家柄「京都府士族」、職業「資産家」とある。

表1-6　名所案内誌

No. (検索順)	著者・題	出版社（者）・所在	発行年月 （西暦・和暦）	該当文	読み方・備考	植物種
18（9）	遠藤茂平（編）（附録編輯者：山口米次郎）『京都名所案内図会（坤）』	正宝堂／京都下京	1881（明治14）年3月	盆栽類（※5件の業者と盆栽の挿絵）（図1-23）		※記載なし
19（22）	石田旭山（編）『京都名所案内図会（和2冊）（下）』	正宝堂／京都下京	1887（明治20）年6月	盆栽類（※右枠、5件の業者のみ、「京都名所案内図会 坤」と同じ）		※記載なし
20（44）	宮川頼徳『高田栞』	宮川頼徳／新潟中頸城	1901（明治34）年9月		流行について富田、奥、亀が松の盆栽で繁盛、豊樹園と安右衛門等の植木屋が開店し、盆栽を陳列し繁盛している。※「盆栽」に振り仮名なし	松、万年青、小藤、梅、蜜柑、五葉松（根上がり）
21（46）	浅野陽吉／武田令太郎（編）『久留米案内』	金文堂／福岡久留米市	1902（明治35）年4月	40頁、（十）盆栽及植木「本市及附近の地味気候植物に適せるより本市は九州の本場となり熊本佐賀長崎其他各地に植木及盆栽の輸出日を追ふて増加せり」	明治44年版『久留米案内』では特に賞玩用植物の栽培、久留米躑躅（千種余）の栽培、合わせて販売は30万円以上の額。	躑躅
22（70）	伴野孤月（正策）『富士登山案内』	伴野孤月／静岡駿東	1906（明治39）年7月	2頁「御殿場附近の産物」に「盆栽等」、44頁「冨士落葉松」（からまつ）、65頁「落葉松、櫻樹、裏檜楚」	※「盆栽」に振り仮名なし	富士落葉松（からまつ）、落葉松、櫻樹、裏檜楚
23（170）	名古屋開府三百年紀念会（編）『名古屋案内』	名古屋開府三百年紀念会／名古屋市中区	1910（明治43）年3月	74頁、盆栽「維新以後漸次流行を来し近年最も盛に愛玩せらる特に当地は其土質が野梅楓松松柏等の培養に適し九州中国東京大阪等へ輸出するもの頗る多く関西に於ける生産地を以て目せらる」	※タイトル「紀念」は原文ママ。	野梅、楓、松、松柏

あった。挿絵（図1-23）には「盆栽之図」として6種類の鉢が描かれている。枝振りからみて、左から細幹の石榴、万年青、杉（あるいは杜松）、蘭、松、梅であろうか。

　No.20の宮川頼徳『高田栞』の記載からは、市内で植木の生産販売が盛んなこと、松の販売で屋号「富田」「奥」「亀」が繁盛したこと、さらに中小区で「豊樹園」、呉服区で「安右衛門」等の植木屋が開店し、盆栽を陳列して販売している様子がわかる。当初は万年青、小藤が高騰したが、両店とも間口が5間以上あり、店頭に棚を設け、梅、松、蜜柑、その他数十鉢、松は百円、正札の付いた根上がりの五葉松は見事であること、また庭園には数百鉢の植木を培養していると説明されている。

　続けて明治の後半に発行された図書にはNo.21～23の3冊がある。No.21には久留米躑躅（クルメツツジ）、No.22には富士落葉松（フジカラマツ）の記述があり、No.23では名古屋で盆

図1-23　『京都名所案内図会（坤）』「盆栽類 盆栽之図」

栽の生産が盛んになり、野梅、楓、松、松柏を栽培
し、九州から東京まで販売網を広げていることを伝
えている。盆栽の紹介として台（卓）の上に欅の寄せ
植え（株立ち）と、英文による紹介記事が掲載されて
いる（図 1-24）。

　明治期の盆栽陳列会では、東京の芝紅葉館、上野
伊香保楼の名前が頻繁に確認できるが、銅版画の名
所案内『内国旅行 日本名所図絵 第 3 巻 東海道之
続』には、紅葉館の入口付近の図を確認できる。紅
葉館は 1881（明治 14）年に 13 名の出資者（盆栽家で
鉄道株式会社創立した小野義真[25]、同じく盆栽家の喜谷市
郎右衛門ら）によって経営された会員制の料亭で、空
襲で焼失する昭和戦前期まで、多くの政財界の人々
が集った。1900（明治 33）年 7 月 7 日には日本美術
院創立披露の宴もここで催されており、岡倉天心のも
と、横山大観は挨拶の言葉を述べている。室内は和室
で、煎茶会の席飾りと同じく座敷を利用し、陳列会に
は丁度よい交流の会場となったことがわかる。盆栽は
この後、屋外の陳列を経て、美術館や展示会場を主と
した展覧会に変化するが、芝紅葉館はその最後の主要
会場であった（図 1-25／1-26）。

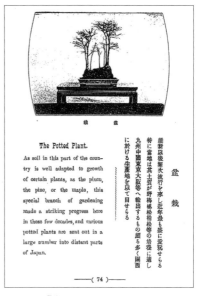

図 1-24 『名古屋案内』「盆栽」

図 1-25 上田維暁（編）『内国旅行 日本名所図絵（第 3 巻 東海道之続）』「紅葉館之景」p.84、1890（明治 23）年

図 1-26 歌川広重三代（画）『東京名所図会 芝紅葉館』1885（明治 18）年 個人蔵

25 小野義真（1839（天保10）年－1905（明治38）年）は、明治期の実業家・盆栽家。1860（安政7）年に緒方洪庵の適塾に学び、明治期に大蔵省・工部省に勤務、官職を辞して三菱会社顧問となった。その後、日本鉄道会社を創設、1891（明治24）年、小岩井農場を開いた。小岩井農場の小は小野の1字を取っている。また盆栽家としては陶工を招いて庭で焼いた、小野義真鉢が多数残る。

（6）栽培書（盆栽）

　表1-7にあげたものは、全体の図書の中では直接盆栽を扱っており、栽培書（盆栽）の中心部になる。さいたま市大宮盆栽美術館の記事になっていないものを前半に、記事になっているものを後半にあげたい。

　まず、No.24鈴木鐸郎（編）『盆栽名称一覧』は国会図書館蔵書の中で、明治初期としては最初に「盆栽」の表記が主題にあるものである。1882（明治15）年10月に静岡で発行され、序文に「吟人雅客ノ盆栽ヲ愛スルヤ能ク座間幽手趣を呈し机遷ニ清香ヲ吐き以ッテ心目ヲ娯シメ以ッテ文壇ノ風情ヲ助クルカ為メナリ」

表1-7　栽培書（盆栽）

※グレー地に「大宮盆栽美術館」とあるものは、日本盆栽協会『盆栽春秋』の記事に紹介されている図書である。

No.（検索順）	著者・題	出版社（者）・所在	発行年月（西暦・和暦）	該当文	読み方・備考	植物種
31（11）図1-27／図1-28	鈴木鐸郎（編）『盆栽名称一覧』	鈴木鐸郎／静岡	1882（明治15）年10月	序文に「吟人雅客ノ盆栽ヲ愛スルヤ能ク座間幽手趣を呈し机遷ニ清香ヲ吐き以ッテ心目ヲ娯シメ以ッテ文壇ノ風情ヲ助クルカ為メナリ」とある。	万年青之部・菊之部・富貴蘭之部・梅花之部・箒蘭（松葉蘭）之部・百両金（カラタチバナ）之部・石斛之部に分け、品種を「奇品」「極上」「一品」などの等級や特徴に分ける。	万年青・菊・富貴蘭・梅花・箒蘭（松葉蘭）・百両金（カラタチバナ）・石斛
25（13）図1-31　大宮盆栽美術館	三戸興彰（編）『盆栽手引種』	篆々堂／巌手	1883（明治16）年4月	凡例に「栽培法及び接木等の伝」は、「別巻に譲り他日出版の期あるべし」とある。	盆栽草木「ぼんさいさうもく」、盆栽「はちうゑ」、盆栽「ボンサイ」「ハチウエ」併記。大宮盆栽美術館の記事には、「明治16年は『はちうゑ』から『ぼんさい』へと読み方が変化する過渡期であり、京阪や東京以外の地方にも盆栽が広がっていた」と指摘がある。	盆栽草木の種類幾百（梅、櫻、桃、薔薇、覇王樹、麒鳳蘭、龍舌蘭、椿、山茶花、楓、竹、フクシヤ、南天、蔦、葛蔦、松、ヒバ、蘇鐵、無地葉物、替り葉物、万年青、蘭、苔栽蘭、柑類大山蓮花、泰山木、白蓮、柘榴、天竺葵、時計草、茶保宿）
26（30）	小川安村（編）『盆栽培養手引草』	小川安村／東京芝	1893（明治26）年6月	緒言には「盆栽トナシ一窓ノ下ニ蒐陳（カイチン・アツメ）」とあり、園芸品種全般に対しての説明がある。また項目として「害虫ヲ駆除スル法」「洗滌法」「移植」「植物ヲ殖ス法」「花ヲ窓内ニ養フ法」「ワルド植物培養匣」とあり、室内型温室の紹介がある。	落葉樹、常緑樹の管理に加え「芽接」「切接」「呼接」「取木」の説明、植物は園芸品種全般（球根類、冷室、温室の要るもの等）がある。盆栽の振り仮名はなし。	※栽培法の中に植物種が出てくるが個々の栽培方法の記載はなし。
27（31）図1-32　大宮盆栽美術館	岡本散史（編）（半渓散人）『草花木竹盆栽培養法（全）』	魁真書楼（井口松之助）／東京神田	1894（明治27）年2月	「土を撰む、肥料、灌水、草木盆栽、草木移植、草木仕立方、草木の虫を除く、さしき、とりき、たいぎ（接木の台木）、つぎき、はやざき、草木の性質を知る、斑葉、山林採薬、草木名称和漢対照の事」など具体的な構成になっている。続けて「盆栽として愛する草木の事」「世間奇品と称する草木名称の事」として盆栽について示し、「草木培養法追加」「梅桜奇品名称」「木葉覆輪」「牽牛花培養」「菊培養の秘法」「蘭培養」等、人気の鉢植えの情報を加える。	盆裡「ぼんり」、栽る「うゆ」、盆「はち」、栽かえる「うへ」、植替へる「うへか」、植る「うゆ」、植て「うえ」、花植「はなうへ」、移植「うへかへ」、栽培「さいばい」、培養「ばいやう」、盆栽に振り仮名はないが、盆栽家「ぼんさいか」に唯一仮名がある。	本文中に多くの樹種が掲載されるものの、部としては以下のまとまり。樹の部（白木蓮、黄梅、梔、楓（俗に紅葉といふ）、柑類（金柑、蜜柑、仏手柑）、海棠、柿、唐橘、椿、南天、梅、柳、松、梅嫌（ウメモドキ）、辛夷、櫻、柘榴、沙羅双樹（俗に夏椿）、棕櫚竹、木犀、夾竹桃、枇杷、無花果、仏手柑、薔薇）、草の部（水仙、石菖、姫しやが、檜扇、石楠、芍薬、百合、菊、櫻草、牽牛花、鐵扇、藤、福壽草、蘭、撫子、蘇鐵、燕子花、花菖蒲、万年青、牡丹、連翹、松葉蘭、茉莉花、蓮、竹）

No. (検索順)	著者・題	出版社（者）・所在	発行年月 （西暦・和暦）	該当文	読み方・備考	植物種
28（33） **大宮盆栽美術館**	井口松之助（蘭殿仙史）『盆栽培養全書：草木図解』	魁真楼（井口松之助）／東京神田	1896（明治29）年7月	培養土、肥料、仕立方、複数の接木法、種蒔、害虫駆除、灌水、窖（ムロ）、温室、温度器についての記載がある。樹種については「盆栽雅賞の部」「盆栽俗愛の部（鉢の事）」「花壇物の部」「庭物草花之部」「植木庭物之部」に分けて多種を説明、挿絵も具体的な作業場面を描いている。他に「芳牛花」「菊」「万年青」について別途記載がある。	盆裏「ぼんちう」、栽「うゑ・うへ」、植「うゆ」、艸木「そうもく」、花瓣「くわべん」、盆栽「ぼんさい」、盆「ぼん」、鉢「はち」、培養「ばいやう・ばいよう」、植替「うえかへ」、盆裡「ぼんり」、目次と本文の項目で内容に若干違いがある。読み方は統一されておらず、栽「うゑ・うへ」、培養「ばいやう・ばいよう」などが確認できる。盆栽は振り仮名がないか、「ぼんさい」とある。	植物の種類は多様。盆栽雅賞の部（松、千本松、赤仙毛松、銀杏松、杜松、石化杉、梧桐、千本梧桐、仏手柑、石榴、黒檀、柘植、辛夷、白木蓮、天女花、木瓜、マルメロ、茉莉花、薔薇、沙羅双樹、山茱萸、蘇鐵、芭蕉、水仙、蘭、高麗蓮、西湖の葦、石菖、竹、アケビ、野木瓜）、盆栽俗愛の部18種
29（37）	安達平七（吟光）『実験果樹草花盆栽接木培養図解』	魁真楼（井口松之助）／東京神田	1899（明治32）年5月	全43章構成で、総論から各樹種の一般的な培養法までを詳細に記述する。附言に「櫻花の説」、附録に盆栽の培養法として、盆栽に関しては後半に記述があり、多品種を掲載する。	盆栽「ぼんさい」、栽替へ／栽換え／栽かへ「うえか」、植かへ／植代へ「うへ」、植替「うえかへ」、鉢物「はちもの」、栽ゆれば「う」、植ゆる「う」、鉢植「はちうへ」などの表記がある。意図的に使い分けている様子はない。	盆栽培養法として、草木植替法（木の部26種）、穂に用ゆる砧木の法（木の部20種）、木蓮接木法（木の部7種）、培養土の性質を知る法（土の部16種）、盆栽草木仕立法（草木11種）、雅賞草木の部（草木21種、薔薇6種）、尋常盆栽樹木の部（樹木16種）、盆栽草花の部（数種）、百合の部（数種、草花23種）
30（40） 図1-29	安達平七（吟光）『実験果樹草花培養図解：一名接木及盆栽育法』	青木嵩山堂（井口松之助）／東京神田	1900（明治33）年5月	同上	No.29（37）の『実験果樹草花盆栽接木培養図解』を出版所を変えて印刷している。	同上
31（45）	江原梅松（春夢）『果樹草花盆栽庭造園芸全書』	博文館／東京日本橋	1902（明治35）年5月	「盆栽（ぼんさい）とは廣くいへば鉢植（はちうゑ）なり」（265頁）とあり、狭い意味では説明を要するとして、根配り、枝配り、幹の古色が大事であることを説明する。	全体的には園芸書で、第6編第34章に盆栽培養法として、265頁から274頁に10項目に分けて盆栽の説明がある。盆栽「ぼんさい」、鉢植「はちうゑ」、植方「うゑかた」、寄栽「よせうゑ」、實生「みおい・みせい」、植替「うえかへ」	1松、2千本松／赤仙毛松、3杉、4竹、5柏類、6楓、7欅、8梧桐／千本梧桐、9柘榴、10萬年青／蘭
32（47） **大宮盆栽美術館** （一部引用）	春基園主人『小物盆栽実験集』	青木嵩山堂／東京日本橋	1902（明治35）年7月	「著者は世の上層下層を通じての、すべての人々に、この趣味多き愉快の盆栽を、競って培養せられんことを勧告するのである」と冒頭に示し、囲碁、謡曲、俳句、大弓、骨董を例に、貴賤貧富の差のない盆栽を鼓舞する。第一編「盆栽一般に通する事項」、第二編「各種の盆栽に通する事項」という構成になっている。	盆栽「ぼんさい」、鉢物「はちもの」、植付け「うゑつ」、土鉢「どばち」、本鉢「ほんばち」、豆盆栽、小物盆栽、大物盆栽の区別があり、5寸から8寸の盆栽サイズを推奨している。また根張りの強固さ、発育の素直さを重要視し、実生で育てることを推奨する。	第二編「各種の盆栽に通する事項」は、「落葉する木」48種、「落葉せざる木」10種となっており、さらに附録6種を解説する。
33（49） **大宮盆栽美術館**	中島信義『盆栽仕立秘法：草木実験』	博文館／東京日本橋	1902（明治35）年10月	「盆栽とは何ぞや又植木とは何ぞや他なし一個の浅き小陶器に植込みて老木樹園の趣味を含めるもの之を盆栽といひ深く鉢内に植込みたるものを植木といふに外ならず抑も盆栽の趣味は単に最小楽趣たるのみにあらず自然之に依りて最大なる希望を達するの研究ともなるべし」「一種生気ある活写棋にして又有声の絵画といふも不可なきなり」「囲碁将棋の興よりも衛生上に一段の公益あるを見る」	盆栽「ぼんさい」、植木「うえき」、鉢植物「はちうえもの」、栽替「うえかへ」、栽へ盆「う（へ）ぼん」、盆栽幷（ならび）に鉢植物年度に於る流行乗り」、「盆栽と植木の優劣」「盆栽（ぼんさい）と鉢栽（はちうえ）の区別」	十五　盆栽幷に鉢植応用植物となる可き土及砂混和等肥料の心得　十六　盆栽樹木移植の心得　十七　艸花物培養心得　十八　草木盆栽仕方の事

No.(検索順)	著者・題	出版社（者）・所在	発行年月（西暦・和暦）	該当文	読み方・備考	植物種
34（50）図1-30	江原梅松（春夢）『果樹草花 盆栽庭園 続園芸全書』	博文館／東京日本橋	1903（明治36）年4月	第壱編で種類、土、植込、灌水、肥料、鉢、配置、支柱、陳列臺、保護、害虫駆除に触れ、第弐編から第五編にかけて、各植物の培養法が書かれている。第五十五章は「盆栽実験図解」として筆者が育てる盆栽が図入りで紹介されている。	盆栽「ぼんさい」、「本編前書は専ら露地（花壇、園圃、山野）培養を主として叙述せしゆ〜本書に於ては盆栽培養法を専術せり」として全体的に盆栽として新装されている。口絵の盆栽は根岸で行われた盆栽大会されたものを許可を得て撮影した。今までの図書で樹種品種が一番豊富になった。	観葉樹木類11種、観實樹木類16種、観花樹木類5種、草花類100種、観葉草類3種、球根類5種、合計140種の掲載がある。
35（56）大宮盆栽美術館	木部米吉『盆栽培養法』	三銀水石園／京橋	1903（明治36）年5月	「本書の所謂盆栽なるものは蘭、菊、万年青、朝顔の如き、唯だ花香葉色を鑑賞する鉢物とは異なり、草木竹石の類を以て天然の景致を尺寸の盆裡に趣向し、高尚の意匠に成れる一種の美術、幽雅の風趣を呈する一幅の活画として愛玩するを指すのである」	盆栽「ぼんさい」、著者の木部米吉は、「近時に於ける盆栽の流行は未曾有の盛況」であり、供楽会の加藤三銀の依頼で著したこと、他日に完全なるものを公にすると冒頭で述べる。	盆栽の類別に、「直幹」「双樹」「株立」「根上り」「寄植」「懸崖」「半懸崖」「石附」を分ける。
36（58）図1-33 大宮盆栽美術館	村田利右衛門／江原梅窓（編）『名家愛蔵盆栽奇石逸品集』	香樹園／東京本所	1903（明治36）年8月	冒頭に香樹園園主と小宮刀水の序がある。小宮の序には盆栽のサイズは「通例1尺6寸以内」、盆栽は「絵画と巧妙を争い、優に美術の一種なり」とする。	盆栽「ぼんさい」、鉢を「盆盤」と表記がある。小宮の序に、村田利右衛門、江原梅窓の両氏、諸名家に依頼し、愛蔵の逸品を撮影し、説明を加えた、とある。口絵に香樹園の棚場風景、写真（52枚）を使っており、図書としては画期的な試みとなっている。	盆栽は広義には園芸に属すが、文人盆栽であり、往時の染付大鉢に松柏の類を屈曲して植えたものとは違い、中国の古式盆栽を進歩させたもの。
37（63）大宮盆栽美術館	作間仝二郎『花卉と盆栽：家庭園芸』	大倉書店／日本橋	1905（明治38）年10月	「家庭の娯楽として、家庭の事業として、我が園藝術は最も適良せるものなりと信ず」	盆栽「ぼんさい」、総論、著者は農学者で、第1編「栽培通論」、第2編「草花栽培法」までが1〜140頁、盆栽培養、第1編「総論」、第2編「各論」は141〜228頁。	草花栽培法は各月ごとの園芸樹種の紹介、盆栽は「観葉樹木」「観實樹木」「観花樹木」に。
38（68）	野村安太郎『盆栽植物採集及培養法』	大学館／東京神田	1906（明治39）年5月	第1章「盆栽植物」、第2章「實生物採集法」、第3章「實生物培養法」、第4章「實生物採集の場所」	盆栽「ぼんさい」、實生「みしやう」、仕立てものを買うのではなく、実生、挿木による採取、培養法をすすめる。	常緑樹7種、落葉樹18種、花樹及び果樹13種、草物
39（69）	福井孝治（省軒）『実地応用盆栽の仕立方 第1巻』	福井孝治／東京本所	1906（明治39）年7月	「盆栽は園藝中の精華」	構成は、総論、第一章「土壌選定」、第二章「肥料」、第三章「施肥と灌水」、第四章「盆栽一般の仕立」、第五章「盆栽寒暑の加護」、第六章「土の消毒」	第1巻のみを確認、植物の樹種は文中に多数が出てくる。
40（75）大宮盆栽美術館	小野藻波『盆栽法秘訣（全）』	隆文館／東京京橋	1907（明治40）年7月	「盆栽と云ふものは、牡丹や菊や万年青の如く、或は花を愛で或は葉を称美するものではない」	盆栽「ぼんさい」、盆栽法秘訣とあるように、各論について読み物として、詳細の説明がある。	「盆栽の種類」に直幹、双幹、武者立、寄植、根上り、懸崖、実生盆栽、水盤物に分けて説明する。
41（76）	山内政銓（培軒迂叟）『盆栽捷径』	鳩居堂／京都寺町通	1907（明治40）年8月	挿絵が全て写真（写真版）で、棚場の写真1点、盆栽52点が掲載される。冒頭に緒言、附言、盆栽賞心の六事、四季室内の賞心、培養総論と続き、樹種の説明に入る。	盆栽「ぼんさい」、自然景観「しぜんふうけい」、描写「うつす」、盆栽捷径「ぼんさいしょうけい」	写真1枚に付き2点前後の説明で、計47の説明がある。サイズは中品が多く陳列品の解説となっている。
42（77）	野村安太郎『家庭園芸全書：花壇・盆栽・庭樹・庭草』	大学館／東京神田	1907（明治40）年9月	No.38と同じ著者、構成は第1編「培養の要素」、第2編「盆栽培養法」、第3編「庭草」、第4編「花壇物」、第5編「庭樹」	盆栽「ぼんさい」、全ての語に振り仮名があり、花壇・盆栽・庭樹・庭草の中では、盆栽の記述が多い。	第2編「盆栽培養法」に47種の解説がある。
43（78）	後藤弥一『盆栽手入れ法：家庭園芸』	大学館／東京神田	1907（明治40）年9月	第1章「盆栽の手入」、第2章「月々の手入」として月ごとの説明がある。	盆栽「ぼんさい」、鉢植「はちうえ」、広義の盆栽と狭義の盆栽を鉢物の樹木、鉢植えとして説明する。ベコニアを「べこにゃあ」と記している。盆栽（鉢植え）には、竹、蘭、万年青、羊歯、朝顔、仙人掌、水仙、菊、べこにゃあ、柑橘類等を含む。右記の種類には繰り返し説明に出てくる樹種もある。	1月16種類、2月12種類、3月25種類（春蒔の草花含む）、4月16種類、5月17種類、6月18種類、7月16種類、8月10種類、9月21種類（秋蒔の草花含む）、10月19種類、11月26種類、12月15種類

No.(検索順)	著者・題	出版社(者)・所在	発行年月(西暦・和暦)	該当文	読み方・備考	植物種
44 (89)	家庭倶楽部(編)『家庭園芸の枝折：花卉盆栽』	井上一書堂／大阪・東京併記	1908(明治41)年8月	第1章「総論」、第2章「各論」、第3章「函庭の造へ方」、第4章「果樹と蔬菜」	盆栽「ぼんさい」、家庭園芸「かていえんげい」、児童園芸「じどうえんげい」など。家庭園芸の費用、箱庭、果樹・野菜の栽培についての記述もあり、家庭を対象にした図書に盆栽が合わせて示されており、新しい試みとなっている。	盆栽の種類として「常盤木」「果樹類」「柿蜜柑金柑等の類」に分け、形から「直幹物」「双幹物」「懸崖物」「根上り物」「寄植物」「實生物」「水盤物」に分ける。
45 (177) 大宮盆栽美術館	木部米吉『盆栽培養法秘訣』	苔香園／東京芝	1911(明治44)年11月	「盆栽は既に人も知る通り、僅か寸尺の盆樹を以て、巧に自然の形象を写し、一幅の活画たらしむる優雅な美術であつて、決して一時的の草花の奇を衒ひ、異を好む類ではない」	構成は「樹容」「植土」「肥料」「灌水」「置場所」「植替」「仕立方」「除虫」「実生」「圧条」「挿芽」「針金をかける事」「重なる盆栽の培養」「培養と温度」	「重なる盆栽の培養」に、松、柏、梅、欅、石榴、楓樹、竹（鳳尾竹、永年竹）など。
46 (179) 大宮盆栽美術館	井上正賀『和洋草花と肥料：附・盆栽の肥料』	大学館／東京市神田	1911(明治44)年12月	「普通に植物を育てるのとは大に趣きを異にせなければならぬ」	全体的に和洋草花の図書で、盆栽は「第十一話 盆栽の生理と肥料」213～221頁にかけて記載がある。	「大木を寸尺の大きさに縮めた鉢植（はちうへ）のこと」「草花や蘭の鉢植えにしたものではない」
47 (185)	富益良一／鈴木敬策／田中万逸『実用園芸全書：蔬菜・果樹・花卉・盆栽』	実業之日本社／東京京橋	1911(明治44)年7月	「盆栽の妙は自然にある」「寸尺の盆裡に、永年の歴史を止めつつ、自然を縮めたもの」	盆栽「ぼんさい」、全840頁に渡る全書で、前篇「実用的園芸」に上「蔬菜園芸」、下「果樹園芸」があり、さらに前編（ママ）「娯楽的園芸」に上「花卉園芸」、後編「草花栽培法」に下「盆栽園芸」、さらに上「病害虫及農具病害」、中「害虫」、下「園芸用具」の構成になっている。「盆栽園芸」は611頁から751頁まで記載がある。	観葉樹木（29種）、観実樹木（15種）、観花樹木（10種）、（直幹、双幹、武者立、寄植、根上り、懸崖、水盤物、実生盆栽）

として挿絵（図1-27/1-28）の2枚が載る。文人趣味としての盆栽に触れることから、『盆栽名称一覧』で扱う植物は、当時の盆栽の範囲を示していたと考えられる。部として、「万年青之部・菊之部・富貴蘭之部・梅花之部・箒蘭（松葉蘭）之部・百両金（カラタチバナ）之部・石斛之部」に分け、文章による説明はないが、品種の分類表となっており、「奇品」「極上」「一品」などの等級や特徴に分類している。

No.26の小川安村は『盆栽培養手引草』の他に、『四季の花園』（1891）、『種蒔の栞』（1892）、『梅譜』（1899）、『草花の栽培：家庭園芸』（1911）など園芸に関する書籍を多く出しており、1912（大正元）年には、『盆栽の培養』を出版している。『盆栽培養手引草』に関しては園芸の一部に盆栽が出てくるのみである。

No.29 安達平七（吟光）『実験果樹草花盆栽接木培養図解』魁真楼（井口松之助）は、量が多く全43章の構成で、総論から各樹種の一般的な培養法までを詳細に記述する。No.30（図1-29）は同じく安達平七（吟光）の図書で、『実験果樹草花培養図解：一名接木及盆栽育法』青木嵩山堂（井口松之助）／東京神田、1900（明治33）年5月となっており、No.29の『実験果樹草花盆栽接木培養図解』を出版所を変えて印刷している。

No.31 江原梅松（春夢）『果樹草花盆栽庭造 園芸全書』は、「盆栽（ぼんさい）とは廣くいへば鉢植（はちうゑ）なり」（265頁）とあり、狭義には説明を要するとして、根配り、枝配り、幹の古色が大事であることを説明する。全体的には園芸書で、第6編

図1-27 『盆栽名称一覧』「挿絵」

図1-28 同上

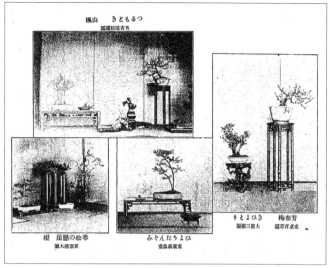

図 1-29 『実験果樹草花培養図解：
　　　　一名・接木及盆栽育法』
　　　　「樹の部」挿絵

図 1-30 『果樹草花盆栽庭園 続園芸全書』口絵の盆栽写真

第 34 章に盆栽培養法として、265 頁から 274 頁に 10 項目に分けた盆栽の説明がある。

No.32 春基園主人『小物盆栽実験集』は、「著者は世の上層下層を通じての、すべての人々に、この趣味多き愉快の盆栽を、競つて培養せられんことを勧告するのである」と冒頭に示し、囲碁、謡曲、俳句、大弓、骨董を例に、貴賤貧富の差のない盆栽を強く紹介する。豆盆栽、小物盆栽、大物盆栽の区別があり、5 寸から 8 寸の盆栽サイズを推奨している。また根張りの強固さ、発育の素直さを重要視し、実生で育てることを勧める。第二編「各種の盆栽に通する事項」は、「落葉する木」48 種、「落葉せざる木」10 種となっており、さらに附録 6 種を解説する。

No.34 江原梅松（春夢）『果樹草花盆栽庭園 続園芸全書』口絵の盆栽写真（図 1-30）は根岸で行われた盆栽大会に陳列されたものを許可を得て撮影したとある。今までの図書で樹種品種が一番豊富で、観葉樹木類 11 種、観實樹木類 16 種、観花樹木類 5 種、草花類 100 種、観葉草類 3 種、球根類 5 種、合計 140 種の掲載がある。

No.38 野村安太郎『盆栽植物採集及培養法』は、第 1 章「盆栽植物」、第 2 章「實生物採集法」、第 3 章「實生物培養法」、第 4 章「實生物採集の場所」の構成で、盆栽は仕立てものを買うのではなく、実生・挿木による採取、培養法を勧める。また No.39 福井孝治（省軒）『実地応用盆栽の仕立方 第 1 巻』は、全体に強い調子で盆栽を持ちあげており、「盆栽は園藝中の精華」とある。

第1巻のみを確認できるが、盆栽を強調しすぎるあまり、本の発行が少なかったと推察される。

　No.41 山内政銓（培軒迂叟）『盆栽捷径』は、挿絵が全て写真（写真版）で、棚場の写真1点、盆栽52点が掲載される。サイズは中品が多く陳列品の解説を合わせている。No.42 野村安太郎『家庭園芸全書：花壇・盆栽・庭樹・庭草』は、No.38と同じ著者、構成は第1編「培養の要素」、第2編「盆栽培養法」、第3編「庭草」、第4編「花壇物」、第5編「庭樹」で、全ての語に振り仮名があり、花壇・盆栽・庭樹・庭草の中では、盆栽の記述が多い。また、第2編「盆栽培養法」に47種の解説がある。

　No.43 後藤弥一『盆栽手入れ法：家庭園芸』は、第1章「盆栽の手入」、第2章「月々の手入」として月ごとの説明がある。紹介された樹種は、1月16種類、2月12種類、3月25種類（春蒔の草花含む）、4月16種類、5月17種類、6月18種類、7月16種類、8月10種類、9月21種類（秋蒔の草花含む）、10月19種類、11月26種類、12月15種類である。No.44 家庭倶楽部（編）『家庭園芸の枝折：花卉盆栽』は、第1章「総論」、第2章「各論」、第3章「函庭の造へ方」、第4章「果樹と蔬菜」の構成で、家庭園芸「かていえんげい」、児童園芸「じどうえんげい」の語を確認できる。家庭園芸の費用、箱庭、果樹・野菜の栽培についての記述もあり、家庭を対象にした図書に盆栽が合わせて示されている点が、新しい試みとなっている。盆栽の種類として「常盤木」「果樹類」「柿蜜柑金柑等の類」に分け、形から「直幹物」「双幹物」「懸崖物」「根上り物」「寄植物」「實生物」「水盤物」に区分する。

　No.47 富益良一／鈴木敬策／田中万逸『実用園芸全書：蔬菜・果樹・花卉・盆栽』は、「盆栽の妙は自然にある」「寸尺の盆裡に、永年の歴史を止めつつ、自然を縮めたもの」とする。「盆栽園芸」は611頁から751頁まで記載（図1-31〜1-33）があり、観葉樹木（29種）、観実樹木（15種）、観花樹木（10種）、形を「直幹、双幹、武者立、寄植、根上り、懸崖、水盤物、実生盆栽」に分ける。同書の著者は、富益良一（農学士）／鈴木敬策（農学士）／田中万逸（花浪）の3名であるが、総論には校閲者として、酒井忠興（伯）／渡辺千秋（子爵）／横井時敬（農学博士）／佐々木忠治郎（理学博士）／堀正太郎（農学士／理学士）の氏名がある。全840頁の内、「盆栽園芸」は611頁から751頁まで、甲編は「通論」第1章から第15章、「盆栽の解」「盆栽の種類」「盆栽と土壌」「盆栽の肥料」「灌水」「鉢の種類」「根占石」「苔」「盆栽と室内装飾」「実生物の採取」「実生物仕立法」「樹容の整正」「本鉢

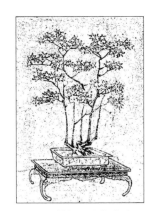

図1-31 『実用園芸全書：蔬菜・果樹・花卉・盆栽』「武者立」

図1-32 前掲書「真柏」

図1-33 前掲書「梅」

移植」「盆栽と露第」「四季の手入」について、乙編は「各論」第1章から3章まで「観葉樹木盆栽法」「観実樹木盆栽法」「観花樹木盆栽法」という構成になっている。

「盆栽の解」には「盆栽と鉢植とを混同して」「世間で所謂盆栽の解釈を誤って居る」として、筆者は盆栽を「自然に適合せるもの」と理解する。そして「盆栽の妙は自然にある。其幽雅にして高尚な快楽も、皆々自然的である。従って盆栽其ものも、全々自然的でなければならぬ。取も直さず著者の呼んで盆栽といふものは、寸尺の盆裡に、永年の歴史を止めつつ自然を縮めたもの」と、繰り返し「自然」を強調し、3、40の春秋を経過したもの（樹齢3、40年以上）をよいとする。また木の好みとして人工的な加工の跡がなく、太くなくとも根張の強いもので、高さは5寸から8寸、実生培養を好んでいることを示す。

本文には「伯爵の談話」として、渡辺千秋（楓観）の言葉が次のように記載されている。

> 自分（伯爵）は、盆栽を床の間に拵へて鑑賞する時に、白の無地の掛物をかける事にして居るが、此が、為に盆栽の一枝一葉悉く生きて、些しも美を損せぬ計りか、美趣は益々加はつて來る。自分は此法を千秋式と呼んで居る。（中略）盆栽を仕立てるには、美術的の頭を持つてかからぬと駄目である。盆栽は生きた美術であるから、本植（ほんうゑ）の折には、和漢の山水の畫を参照する等、美術心を滅却せぬ様にするのが大切である。殊に大家の筆に成つた、絵畫を参考として、寄植を行ふと妙である。又之を植ゑる鉢、即ち盆は古色蒼然たる、雅美なものでないと不可ぬ。

千秋は著書冒頭では子爵と書かれているが、1911（明治44）年の発行までに、伯爵に陞爵（しょうしゃく）しており、談話の冒頭に「自分（伯爵）」と示している。本論序章に示した楓観（千秋）式鑑賞法を「千秋式」と呼び、美術としての和漢の山水画を参照することを勧める。全体としては、鉢の種類、根占石（ねじめいし、盆栽の根元に置く石）、排列（陳列）法、実生物に関する記述が多い。

次に、No.25、27、28、33、36、37、40、45、46は、さいたま市大宮盆栽美術館「【収蔵品紹介】大宮盆栽美術館の歴史資料」（一般社団法人日本盆栽協会発行の月刊誌『盆栽春秋』に連載中の「さいたま市大宮盆栽美術館だより」）に掲載される連載記事に取りあげられた図書である。

まずNo.25 三戸興彰（編）『盆栽手引種』（図1-34）は1883（明

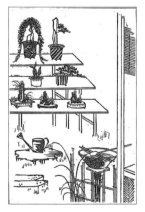

図1-34 『盆栽手引種』扉の挿絵

治16）年4月に岩手で発行された図書で、出版人の田鎖綱郎（士族）、編集人の三戸興彰（士族）、校閲者の小栗嘉兵衛（植木屋）による。文中には、盆栽草木（ぼんさいさうもく）、盆栽（ぼんさい）、盆栽（はちうゑ）と読みがそれぞれ確認できる。本書は、岩佐亮二も盆栽文化史研究の中で、明治期初期の盆栽書の草分けとして触れており、大宮盆栽美術館の記事[26] には、「明治16年は『はちうゑ』から『ぼんさい』へと読み方が変化する過渡期であり、京阪や東京以外の地方にも盆栽が広がっていた」と指摘がある。盆栽草木の種類幾百として、梅、櫻、桃、薔薇、覇王樹、麒鳳蘭、龍舌蘭、椿、山茶花、楓、竹、フクシヤ、南天、蔦、葛蔦、松、ヒバ、蘇鐵、無地葉物、替り葉物、万年青、蘭、苔栽蘭、柑類大山蓮花、泰山木、白蓮、柘榴、天竺葵、時計草、茶保宿などの品種を示す。

　No.27 岡本散史（半渓散人）（編）『草花木竹盆栽培養法（全）』（図1-35）は、「土を撰む、肥料、灌水、草木盆栽、草木移植、草木仕立方、草木の虫を除く、さしき、とりき、たいぎ（接木の台木）、つぎき、はやざき、草木の性質を知る、班葉、山林採薬、草木名称和漢対照の事」など具体的な構成になっている。続けて「盆栽として愛する草木の事」「世間奇品と称する草木名称の事」として盆栽について示し、「草木培養法追加」「梅桜奇品名称」「木葉覆輪」「牽牛花培養」「菊培養の秘法」「蘭培養」等、人気の鉢植えの情報を加える。読み方は、盆裡「ぼんり」、栽る「うゆ」、盆「はち」、栽かえる「うへ」、植替へる「うへか」、植る「うゆ」、植て「うえ」、花植「はなうへ」、移植「うへかへ」、栽培「さいばい」、培栽「ばいさい」、盆栽に振り仮名はないが、盆栽家「ぼんさいか」に唯一仮名がある。本文中に多くの樹種が掲載されるが、部としては「樹の部」「草の部」に分ける。

　No.28 井口松之助（蘭殴仙史）『盆栽培養全書：草木図解』は、1896（明治29）年の発行で、培養土、肥料、仕立方、複数の接木法、種蒔、害虫駆除、灌水、窖（ムロ）、温室、温度器についての記載がある。樹種については「盆栽雅賞の部」「盆栽俗愛の部（鉢の事）」「花壇物の部」「庭物草花之部」「植木庭物之部」に分けて多種を説明、挿絵も具体的な作業場面を描いている。他に「蒡牛花」「菊」「万年青」について別途記載がある。読みは表に記載したが、読み方は統一されておらず、栽「うゑ・うへ」、培養「ばいやう・ばいよう」などが確認できる。盆栽は読み仮名がないか「ぼんさい」であった。

　No.33 中島信義『盆栽仕立秘法：草木実験』は、1902（明治35）年の発行で、「盆栽とは何ぞや又植木とは何ぞや他なし一個

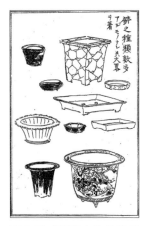

図1-35 『草花木竹盆栽培養法（全）』挿絵

26　さいたま市大宮盆栽美術館だより【収蔵品紹介】三戸興彰編輯『盆栽手引種』篆々堂、明治16年」には、「盆栽」の読み方への指摘があり、凡例に5回を「ぼんさい」、1回を「さいばい」、本文に2回を「ぼんさい」、2回を「はちうゑ」であることをカウントする。また「盆」「栽」が単独の場合は、「はち」「うゑ」などの仮名があることを指摘する。同一人物の文中に複数の読みが併記されていた。1回の「さいばい」については、他に例がない。

の浅き小陶器に植込みて老木樹園の趣味を含めるもの之を盆栽といひ深く鉢内に植込みたるものを植木といふに外ならず抑も盆栽の趣味は単に最小楽事たるのみにあらず自然之に依りて最大なる希望を達するの研究ともなるべし」「一種生気ある活写真にして又有声の絵画といふも不可なきなり」「囲碁将棋の興よりも衛生上に一段の公益あるを見る」などの記述がある。読みは、盆栽「ぼんさい」、植木「うえき」、鉢植物「はちうえもの」、栽盆植鉢「うえぼんうえばち」、栽へ盆「う（へ）ぼん」、「盆栽（ぼんさい）と鉢栽（はちうえ）の区別」などがある。

　No.35 木部米吉『盆栽培養法』は、「本書の所謂盆栽なるものは蘭、菊、万年青、朝顔の如き、唯だ花香葉色を鑑賞する鉢物とは異なり、草木竹石の類を以て天然の景致を尺寸の盆裡に趣向し、高尚の意匠に成れる一種の美術、幽雅の風趣を呈する一幅の活画として愛玩するを指すのである」[27] として、鉢物と盆栽を明確に分ける説明をする。著者の木部米吉は「近時に於ける盆栽の流行は未曾有の盛況」であり、供楽会の加藤三銀の依頼で著したこと、他日に完全なるものを公にすると冒頭で述べる。盆栽の類別に「直幹」「双樹」「株立」「根上り」「寄植」「懸崖」「半懸崖」「石附」を分ける。

　No.36 村田利右衛門／江原梅窓（編）『名家愛蔵盆栽奇石逸品集』（図1-36）は、冒頭に香樹園園主と小宮刀水の序がある。小宮の序には盆栽のサイズは「通例1尺6寸以内」、盆栽は「絵画と巧妙を争い、優に美術の一種なり」とする。鉢を「盆盤」とする表記がある。そして序に続けて「村田利右衛門、江原梅窓の両氏、諸名家に依頼し、愛蔵の逸品を撮影し、説明を加えた」とある。

27　木部米吉『盆栽培養法』苔香園、冒頭 p.1、1903 年

図1-36『名家愛蔵盆栽奇石逸品集』「香樹園の全景」

口絵に香樹園の棚場風景、本文に盆栽の写真（52枚）を使用し、図書としては写真を多用した画期的な試みとなっている。盆栽は広義には園芸に属すが、文人盆栽であり、往時の染付大鉢に松柏の類を屈曲して植えたものとは違い、中国の古式盆栽を進歩させたものと説明し、江戸期の盆栽からの変化を示す。

　No.37 作間余三郎『花卉と盆栽：家庭園芸』は、「家庭の娯楽として、家庭の事業として、我が園藝術は最も適良せるものなりと信ず」とする。著者は農学者で、第1編「栽培通論」、第2編「草花栽培法」までが1〜140頁、盆栽培養、第1編「総論」、第2編「各論」は141〜228頁までで、草花栽培法は各月ごとの園芸種の紹介、盆栽は「観葉樹木」「観實樹木」「観花樹木」に分ける。No.40 小野藻波『盆栽法秘訣（全）』「盆栽と云ふものは、牡丹や菊や万年青の如く、或は花を愛で或は葉を称美するものではない」とする。そして、盆栽法秘訣とあるように、各論に読み物として、詳細の説明がある。

　No.45 木部米吉『盆栽培養法秘訣』「盆栽は既に人も知る通り、僅か寸尺の盆樹を以て、巧に自然の形象を写し、一幅の活画たらしむる優雅な美術であつて、決して一時的の草花の奇を衒ひ、異を好む類ではない」とする。「重なる盆栽の培養」に樹種があり、松、柏、梅、欅、石榴、櫞樹、竹（鳳尾竹、永年竹）などで現代の盆栽の範囲と重なるところがある（図1-37）。そして、No.46 井上正賀『和洋草花と肥料：附・盆栽の肥料』は、盆栽について「普通に植物を育てるのとは大に趣きを異にせなければならぬ」と示す。全体的に和洋草花の図書で、盆栽は「第十一話 盆栽の生理と肥料」213〜221頁にかけて記載がある。「大木を寸尺の大きさに縮めた鉢植（はちうへ）のこと」「草花や蘭の鉢植（はちうへ）にしたものではない」と述べる。これらは花や葉の鑑賞とは別の鉢物として趣の有無に触れている。

　なお、さいたま市大宮盆栽美術館の記事にある、【第17回】交盛館編輯所『草花盆栽培養法』（武田交盛館、明治40年）大宮盆栽美術館蔵、『盆栽春秋』第599号は、国立国会図書館に該当する図書が見当たらない。今回は国立国会図書館にある「栽培書（盆栽）」に該当する表1-7のNo.24〜47を対象としたが、他にも国立国会図書館に未所蔵の図書がある可能性が高い。

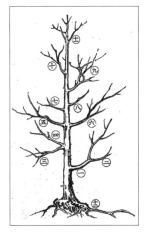

図1-37『盆栽培養法秘訣』「樹容と枝」

(7) 栽培書（園芸）

　ここでは、栽培書のうち、園芸に該当する18件（表1-8）について確認を進める。植物別に数えると、18件のうち7件は園芸全般についての著書、2件が薔薇、梨、1件は葡萄、朝顔、菊、

表1-8 栽培書（園芸）

No. (検索順)	著者・題	出版社(者)・所在	発行年月 (西暦・和暦)	該当文	読み方・備考	植物種
48 (17)	藤江卓蔵『葡萄剪定法（上）』	藤江卓蔵	1884（明治17）年4月	第7条「老樹盆栽剪定の法を論す」	盆栽「ぼんさい」「はちう」を併記。「老樹剪定盆栽」「老樹ヨリ主枝ヲ生スル図」「主枝ヨリ結実ノ新梢ヲ生スル図」	葡萄
49 (36)	賀集久太郎（編）『朝顔培養全書 後編』	朝陽園／京都上京	1899（明治32）年4月	37頁「朝顔の盆栽」、46頁「第二十二章 朝顔盆栽に温湯を利用するの考案」、51頁「第二十三章 前章実験の成績」に「朝顔盆栽」について。	28頁「盆栽にせる苗は時々先端を摘み成るべく短矮にして強壮なる姿勢を取らしむべし」、※振り仮名なし	朝顔
50 (48)	賀集久太郎『薔薇栽培新書』	朝陽園／京都中長者	1902（明治35）年7月	93頁「盆栽式」、103「盆栽を置く場所」など、盆栽の語が頻出する。「盆栽培養」「盆栽家」「盆栽陳列」など、薔薇の盆栽栽培として書かれる。	79頁、盆栽培養「薔薇の栽培方法は大別して、盆栽栽培と花園栽培の二でありますが、現今我國では盆栽として鑑賞せられるのが、十中八九であります」	薔薇
51 (60)	千山萬水(著)前田曙山(次郎)(編)『園芸文庫（別巻)(第二)』	春陽堂／東京日本橋	1905（明治38）年8月	園芸全般の著書になっているが、盆栽の記載が多い。本文に引用。	盆栽「ぼんさい」	園芸
52 (62)	柚木梶雄『薔薇の栽培』	裳華房／東京京橋	1905（明治38）年1月	18頁、盆栽「薔薇は庭園にも植え、盆栽とも致し、其他挿花等種々の楽み様もありますが、余のいま述べんとする所は重もに盆栽に就てであります。	盆栽「ぼんさい」、盆「はち」、植え「う」、栽ゑ「う」、栽える「う」、栽方「うゑかた」、花盆「うゑきばち」、瓦盆「すやきばち」、盆栽薔薇「はちうゑばら」、一盆「ひとはち」(併用)	薔薇
53 (65)	井上精一(晴耕園主人)『家庭園芸博士：娯楽実益』	広文堂／東京京橋	1905（明治38）年12月	47頁「盆栽の研究」、58頁「盆景の趣向」、99頁「園芸植物の培養盆栽」	盆栽「ぼんさい」、実生「みしょう」、植替「うゑかえ」、植替え「うゑ」、(盆栽の種類を直幹、双樹、寄植、懸崖、半懸崖、石附の六つに分ける)	園芸（園芸全般についての記載も経験をもとにして豊富）、品種多数
54 (66)	久田二葉(賢輝)『園芸十二ケ月（正)』	読売新聞社／東京京橋	1906（明治39）年12月	※1月から12月に分けて、毎月「盆栽の手入」がある。	盆栽「ぼんさい」、灌水「かけみづ」、鉢植「はちうゑ」、盆梅「ぼんばい」、植ゑ「う」、播殖「はんしょく」、実生「みしゃう」、水盤「すいばん」、砧木「だいぎ」、本植「ほんうゑ」	園芸（品種多数、毎月の手入れ方法）
55 (85)	久田二葉『園芸十二ケ月 続』	読売新聞社／東京京橋	1908（明治41）年12月	203頁「涼しさうな盆栽」	盆栽「ぼんさい」、技術書ではなく読み物として植物の話がでてくる。	園芸（毎月の植物が変化する）
56 (88)	山田貞康『梨樹栽培法』	読売新聞社／東京京橋	1908（明治41）年7月	106頁「第九章 梨の盆栽」「盆栽になる種類」「ならぬ種類」など	盆栽「ぼんさい」、植ゑ替え、植込み、栽殖「さいしょく」、植込み「うゑこ」	梨（盆栽向きの梨は12種）梨の専門書
57 (90)	千葉胤一(晩雪)『菊花培養大観』	読売新聞社／東京京橋	1908（明治41）年8月	21頁「盆栽仕立は如何にすべき乎」、32頁「盆養菊を作る心得」、109「盆栽仕立法」、110頁「花壇及盆養仕立法」	著者は読売新聞園芸記者とあり。盆栽「ぼんさい」、盆養「ぼんやう」「ぼんやう」、実生「みせう」、盆養菊「ぼんやうぎく」、盆栽菊「ぼんさいぎく」、鉢植付「はつうゑつけ」	菊（秋香会の記事がある）
58 (92)	志村寛『高山植物採集及培養法』	成美堂／東京日本橋	1909（明治42）年3月	16頁「第六節 高山植物は天然の盆栽なり」「実に高山植物は天然の日本的盆栽なりと云ひつべし」	盆栽「ぼんさい」、植ゑ「う」、栽殖「さいしょく」、盆栽は、天然自然を求めるが、人工的になるので、高山植物こそ盆栽である。	高山植物
59 (93)	梅原寛重『梅樹栽培新書』	有隣堂／東京京橋	1909（明治42）年9月	12頁「盆栽」	盆栽「はちうゑ」、「枝篠を作る」「箒作り」「蛸作り」	梅
60 (168)	富益良一『園芸講話（農芸叢書)』	日本種苗出版部／東京内藤新宿	1910（明治43）年1月	40頁「盆栽と切花」、83頁「秋季と盆栽」、日本固有、日本人独特との認識を示す。	盆栽「ぼんさい」、樹藝術「じゅげいじゅつ」、園藝「ゑんげい」、盆栽術「ぼんさいじゅつ」、植ゑ「う」、植替「うへかゑ」	園芸
61 (171)	北村東紅『花と庭：娯楽園芸』	博文館／東京日本橋	1910（明治43）年5月	165頁「手製の盆栽」	盆栽「ぼんさい」、實生「みしやう」、播種「たねまき」	園芸のエッセイ（松、槭、銀杏、柘榴)
62 (176)	盆栽研究会(編)『オモト及蘭培養法』	大学館／東京神田	1911（明治44）年11月	万年青と蘭の栽培書で、編者は盆栽研究会となっている。	盆栽「ぼんさい」、盆養「ぼんやう」、實生「みせう」、蕃殖「はんしょく」、鉢植え「はちう」	万年青、蘭

No.（検索順）	著者・題	出版社（者）・所在	発行年月（西暦・和暦）	該当文	読み方・備考	植物種
63 (180)	山田貞康『園芸家之友』	大日本農会／東京赤坂	1911（明治44）年3月	357頁「第十五章 果樹の盆栽法」	※「盆栽」に振り仮名なし	園芸
64 (182)	山田貞康『梨樹栽培法』	日本農業雑誌社／東京神田	1911（明治44）年4月	106頁「第九章 梨の盆栽」「盆栽になる種類ならぬ種類」「苗木の選鉢と鉢の選鉢」「植ゑ込土の混合調整法」「植込、施肥、越冬、整枝、管理」	盆栽「ぼんさい」、植ゑ「う」、植込「うえこみ」、栽殖「さいしょく」、鉢土「はちつち」、No.55と同じ内容を含む改訂版。	梨
65 (183)	前田曙山（次郎）『花卉応用装飾法』	博文館／東京日本橋	1911（明治44）年4月	171「廿四 鉢台」、174「廿五 盆栽陳列」	盆栽「ぼんさい」、鉢臺「はちだい」、鉢植「はちうゑ」、植ゑ「う」、盆栽会における床の間の陳列会への批判。	花卉植物全般

高山植物、梅、万年青と蘭、花卉植物全般である。盆栽の語は広く園芸植物に対しても使われていたことがわかる。

　まず表1-8 No.48は葡萄の栽培全般について書かれているが、その中で一部、葡萄の盆栽（図1-38／1-39）に触れている箇所がある。挿絵が入っており「老樹盆栽剪定の法を論す」とあり、葡萄の盆栽を説明する。次にNo.49は朝顔の盆栽で「盆栽にせる苗は時々先端を摘み成るべく短矮にして強壮なる姿勢を取らしむべし」とあり、低く、短く、力強い朝顔のつくり方を意図している。

　そしてNo.50は薔薇の盆栽（図1-40）で「薔薇の栽培方法は大別して、盆栽栽培と花園栽培の二でありますが、現今我國では盆栽として鑑賞せられるのが、十中八九であります」といい、地植えではなく盆栽（はちうえ）による薔薇栽培が盆栽（ボンサイ）の語として広まっている。同様にNo.52も薔薇で、「薔薇は庭園にも植え、盆栽とも致し、其他挿花等種々の楽み様もありますが、余のいま述べんとする所は重もに盆栽に就てであります」と、執筆の意図を盆栽（ボンサイ）に寄せて説明する。

　続けてNo.51は国立国会図書館のデータには前田曙山（次郎）（編）となっていることを確認できるが、他にも著者として千山

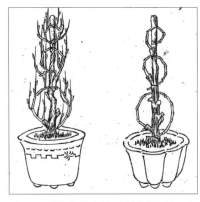

図1-38『葡萄剪定法（上）』「主枝ヨリ結實ノ新梢を生スル図／老樹ヨリ主枝ヲ生スル図」

図1-39『葡萄剪定法（上）』「老樹剪定盆栽」

図1-40『薔薇栽培新書』「短幹叢生状」

萬水の氏名がある。千山萬水の経歴は不明だが、前田曙山は著述家である。『園芸文庫（別巻）（第二）』に書かれている盆栽全体の説明は当時の状況をよく捉えており、下記に盆栽についての冒頭説明部分を転載するが、幕末から明治期の盆栽流行の流れ、盆栽づくりの形式、盆栽の理想化について、客観的な立場から全体に振り返っている。曙山は江戸時代以来の「笠造り、玉造り、章魚造、根上松、五彩の槭」を引き合いに、「今日では全く一変して」、盆栽として「自然の山河の景」を得るべきものが喜ばれ、趣味の向上であるとした。

> 盆栽といふものは、随分変遷してきたもので、昔は只無意識に、庭木を鉢に取って眺める、果樹を鉢植て実を生らせるといふ丈に止まって居（ゐた）らしい、然るに其後になって、変物が流行し始めて、斑入葉とか、変種といふやうな事が流行した、蘭、万年青、躑躅、山茶（つばき）、紫金牛（やぶこうじ）、梅等、数百の品種の出来るやうになったのは、皆此流行の結果に他ならぬ、此頃には、花の美しいのが咲けばよい、葉の変わったのが出ればよいといふ主義であったから、木振も従って一種不自然のものが喜ばれるやうであった、笠造り、玉造り、章魚造、或ひは、根上松、五彩の槭などと、頻りに不自然中の不自然を選んだけれども、夫が今日では全く一変して、花が咲かなくても、実を結ばなくても、一盆に栽えて、自然の山河の景を鞠し得べきやうなものが喜ばれるやうになった、これは確に趣味の向上で、喜ばしい事ではあるが、其結果盆栽と骨董とを別つ可らざるやうな者も出来て来た、所謂過ぎたるは及ばざる如しといふものであろう。

　次に No.54 久田二葉『園芸十二ケ月（正）』と、No.55 久田二葉『園芸十二ケ月（続）』は 12 か月に分けて園芸栽培を説明するが、前者は多数の品種それぞれの毎月の手入れ方法を掲載し、後者は「1 月は草（七草、福寿草）」「2 月は梅」といったように時期に合わせて毎月の植物が変化する工夫がある。
　No.57 千葉胤一『菊花培養大観』は菊の盆栽に特化しており、「秋香会」の記事が多数ある。(7) の全 18 件のうち、6 件は 1897（明治 30）年代、11 件は 1907（明治 40）年代の発行にあたるが、明治時代の後半になると、様々な植物栽培趣味の専門書が出ていたことがわかる。また各専門書には盆栽への言及もあり、流行していた盆栽の形式を幅広く取り込んでいる。No.59 では、梅原寛重『梅樹栽培新書』の用語に、「盆栽（はちうゑ）」や、「枝篠を作る」「箒作り」「蛸作り」などに触れるものもあり、明治期後半

の盆栽関連用語にも過渡期としての音読みと訓読みの両方を確認できる。

　No.62 盆栽研究会（編）『オモト及蘭培養法』に関しては万年青と蘭の栽培について、盆栽研究会として編集を行っている。またNo.65の前田曙山（次郎）『花卉応用装飾法』においては、171頁に「廿四 鉢台」、174頁に「廿五 盆栽陳列」といった台（卓）へ触れた箇所、盆栽会における床の間の陳列会への形式批判がある。

（8）栽培書（農業）

　ここでは栽培書のうち、農業に着目する記述があるものをまとめた。盆栽に限らず、蔬菜（野菜）や果樹（果物）など、家庭菜園から専業職による生産までがあり、規模には差があるが、盆栽の記述がある。

　表1-9 No.66／67は、1887（明治20）年代の発行で盆栽に振り仮名がないが、樹種としては万年青・蘭を含み、人気樹種を確認できる。当時は、江戸時代の園芸文化と文人趣味流行の影響がある。続けて、他の図書は時代が進み、明治40年代の発行となっている。全体に趣味者の拡大に伴う需要増を受けて、生産対象としての盆栽の取り扱いが話題となっており、読みに関しては「ぼんさい」である。

　No.70 荘司力松（他）『通俗農家副業全書（巻3）』と、No.71 鈴木敬策（編）『通俗農業大全』は発行に4か月の差があるが、大きくは「観葉樹（木）」「観實樹（木）」「観花樹（木）」「観葉樹（木）」「球根」と植物の分類を同じように分けている。『通俗農業大全』は樹種については、種類を増やしており、前著を参考に短期間に内容を充実させていることがわかる。同書には挿絵もあり、図1-41〜1-44「杉、楓、石榴、万年青」を確認できる。挿絵の画像をみると、杉と楓は「盆」であるが、石榴と万年青は「鉢」である。『通俗農業大全』は鉢の説明に触れており、品位として高いものを「朱泥、紫泥、交趾、青磁」、次に「伊萬利、常滑、尾張」、生育上は「瓦鉢（仕立鉢）」がよいとしている。また生育には、根に送られる空気、水分の調整が適度で、素焼き鉢が植物によいという話は現代にも共通する。

（9）趣味・実用書

　趣味・実用書に登場する盆栽としては、まず表1-10 No.74／77／80は「手品」に関する図書である。内容には流行していた盆栽を手品のモチーフとして仕掛けを紹介している。3冊を見比べると順番に「盆種（はちうゑ）の草花に大輪の花を開かしむる

図 1-41 『通俗農業大全』「杉」　　図 1-42 前掲書「楓」　　図 1-43 前掲書「柘榴」　　図 1-44 前掲書「万年青」

表 1-9　栽培書（農業）

No.（検索順）	著者・題	出版社（者）・所在	発行年月（西暦　和暦）	該当文	読み方・備考	植物種
66（29）	岩村金作（口述）『農事談話筆記』	桜井熊治／新潟	1892（明治25）年11月	26頁、拙爛居士跋「附盆栽五件」1蘭万年青土質、2蘭万年青肥料、3金柑類防寒、4梅樹植替期、5盆松長葉ヲ防グ方法	※「盆栽」に振り仮名なし	蘭、万年青、セキショウ、金柑、葡萄、梅樹、松
67（32）	白井光太郎『植物病理學（上編）（訂正再版）』	白井光太郎／東京赤坂	1895（明治28）年11月	89頁、盆栽ニ過多ノ水ヲ與フルノ害	植物全般の病理について述べられているが、目次を含め15カ所に盆栽の表記がある。「盆栽」に振り仮名はなし。	
68（73）	川井甚平／千葉敬止『家庭農芸談』	育成会／東京本郷	1907（明治40）年5月	108頁、第十八節 盆栽の注意	構成は、第一編 台所の化学、第二編 食物鑑別法、第三編 園芸、第四編 養蚕、第五編 養鶏、となっており、第三編108頁に「第十八節 盆栽の注意」がある。	蘭、万年青、古木
69（91）	河村九淵『蔬菜の栽培』	智利硝石普及会日本本部／東京麹町	1908（明治41）年9月	51頁、附録に「3花床及盆栽類」	盆栽「ぼんさい」	
70（175）	荘司力松（他）『通俗農家副業全書(巻3)』	啓成社／東京本郷	1911（明治44）年8月	191頁「第十一編 花卉盆栽」、224頁「乙 盆栽培養」第一章 盆栽植物、第二章 培養土調製と植込法、第三章 鉢と植込配置法、第四章 保護と外敵駆除法、第五章 盆栽培養	盆栽「ぼんさい」、盆養「ぼんよう」、栽培「さいばい」、培養「ばいよう」	観葉樹木類（杉、松、扁柏、眞柏、樫、樅、楓、欅、竹）、観實樹木類（柑橘類、林檎、梨、石榴、枇杷、桃、李）、観花樹木類（梅、櫻、椿、茶梅（さざんか））
71（178）	鈴木敬策（編）『通俗農業大全』	博文館／東京日本橋	1911（明治44）年12月	217頁、第四盆栽に「盆栽の種類」「盆養土の調整」「盆栽の肥料」「植込と灌水」「鉢の種類」「盆栽培養法（イ）杉（ロ）松（ハ）眞柏（ニ）梧桐（ホ）柳（ヘ）楓（ト）柑橘類（チ）石榴（リ）桃（ヌ）梅（ル）櫻（ヲ）薔薇（ワ）万年青及び蘭（カ）水仙」がある。	盆栽「ぼんさい」培養「ばいよう」盆中「ぼんちゅう」、鉢の説明に品位として朱泥、紫泥、交趾、青磁、次に伊萬利、常滑、尾張、生育上は瓦鉢（仕立鉢）とある。※挿絵4枚「杉、楓、石榴、万年青」	観葉樹（松、杉、扁柏、眞柏、花柏、樅、桐、欅、柳、竹）、観實樹（梨、林檎、柑橘、栗、桃、樒桴、石榴、枇杷、桃、李、楊梅樒、朱櫻）、観花樹（梅、椿、茶梅、桃、薔薇）、観葉草（蘭、万年青、石昌）、球根（水仙、百合、天竺牡丹）
72（193）	井上正賀『燻炭肥料講話』	城北出版社／東京小石川	1912（明治45）年1月	80頁、第十一章 燻炭草花栽培法並に盆栽と燻炭栽培法	※「盆栽」に振り仮名なし	
73（195）	大日本農事協会（編）『小柳津式燻炭肥料』	戸取書店／東京麹町	1912（明治45）年6月	41頁、六 花卉盆栽	盆栽「ぼんさい」	

表 1-10 趣味・実用書

No.(検索順)	著者・題	出版社（者）・所在	発行年月（西暦・和暦）	該当文	読み方・備考	植物種
74 (15) 図 1-45／1-48	佐藤富七郎（編）『西洋てじな独芸好』	桑林堂／大阪東	1884（明治17）年1月	10頁(5)盆種の草花に大輪の花を開かしむる法、17頁(10)盆栽生竹細工の伝、28頁(14)草木一夜に枯る伝	盆種「はちうゑ」、盆栽「はちうへ」、草木「そうもく」	草花（水仙）、竹
75 (18)	胡逸輪道太（編）『明治狂体詠物詩選』	友文舎／東京芝	1886（明治19）年5月			松、竹、草木、梅花
76 (20)	痩々亭骨皮道人（演説）、和良井鋤太（筆記）『滑稽独演説：拍手喝采（正）』	共隆社／東京京橋	1887（明治20）年4月	27頁○道楽の説、64頁○盆栽の改良を望む	盆栽にかかわる「道楽」「盆栽の改良」を滑稽話として演説する。盆栽「ぼんさい」	梅、櫻、桃、李、松、竹、海棠、蘭、菊、木蓮、梨、林檎
77 (21) 図 1-46／1-49	内藤彦太郎（編）『手品種本：日本西洋』	風月堂／京都下京	1887（明治20）年1月	(13)盆種の草花に大輪の花を開かしむる法、(22)盆栽生竹細工の伝、(33)草木一夜に枯る伝、(38)俄に草花を咲の伝	盆種「はちうえ」、盆栽「はちうえ」、草木「そうもく」、植木鉢「うえきばち」	草花（水仙）、竹
78 (23)	ボック（著）、杉本耕太郎（訳述）『実地経験百工自在：一名経済之近道』	日進堂／東京神田	1888（明治21）年7月	71頁(79)盆栽ノ松ヲ養フ肥料	※「盆栽」に振り仮名なし	
79 (25)	睡花亭蝶夢『新編松のみどり』	秀明堂／東京京橋	1890（明治23）年4月	10頁、第二章 黄金の盆栽	盆栽「はちうえ」、矮松「ちびまつ」、矮松両掌「ちびまつりょうて」	蘇鉄、覇王樹（さぼてん）、蘭、万年青、矮松
80 (28) 図 1-47／1-50	忍の舎学仙（編）『新編御伽文庫（中）』	牧野書房／東京日本橋	1892（明治25）年2月	14頁(12)花の色を白色に変らせる法、15頁(13)皿鉢に花を生る智工、16頁(14)朝顔の花と昼夜自在に咲せる法、(18)生竹細工盆栽の伝	盆栽「はちうえ」、鉢花「はちうえ」、皿鉢「さらはち」	
81 (57)	凌翠漫士『道楽百種：人情快話』	黎光堂／大阪東	1903（明治36）年9月	118頁、盆石道楽、171頁、盆栽道楽、「貴方は余程盆好きで御出でなさるやうですが、現今のところで、珍重の御品は何で御座いますか」	盆栽「ぼんさい」、盆栽に限らず百種の道楽について書かれた滑稽本。「盆栽道楽」の内容は、盆栽の蘭を培養する者と植木屋の値段付けの話、置きどころがない（蘭500、万年青622、その他）、庭も家の中も盆栽で埋まっている。品種も多数あり、接木、実生、苗を集めている。儲けにならない、やはり道楽だろう、という話。	蘭、万年青、櫻（多種）、梅、薔薇、海棠、佛手柑、棕櫚竹、松（多種）、柘榴、水仙、菊、紅葉（多種）、熱帯地方の珍物（多種）
82 (71)	岩瀬松子『家庭実用家具取扱保存法』	大学館／東京神田	1906（明治39）年7月		盆栽「ぼんさい」、本文に「すべて適宜の臺を持ちたふべし。四脚にして、高き卓又は低きものにても、鉢と釣合ふ様になすべし。鉢の卓上より（省略）」	松
83 (72)	竹原久之助『小学校に於ける美感的施設』	宝文館／東京日本橋、大阪東、それぞれの併記	1907（明治40）年4月	240頁、第五編 各種の美感的施設、266頁、第四章 盆栽と美感的関係、他に全体で31か所、266-269頁にかけて11カ所「盆栽」の表記がある。児童にとっては、「美育の一端となり」「徳性を涵養」「身体の運動にも適し」「精神を爽快ならしむる」として美館の養成に効果があるとする。	「盆栽及び鉢植」の併記、振り仮名無し。「講堂に備附すべき諸品の装置」「普通教室に於ける美観的施設」「習字図画教室」「屋内体操場」「参考室」「整容室」「職員室」「宿直室」「廊下」「階段」「会集」の各所に盆栽等を配置するように記述している。なお盆栽の樹種は広義の鉢植えに該当するものを含んでおり、101品種が掲載されている。	101種類

No. (検索順)	著者・題	出版社（者）・所在	発行年月 （西暦・和暦）	該当文	読み方・備考	植物種
84（80） 図1-51／ 1-52／ 1-53	巖谷小波、沼田藤次、竹貫直人、木村定次郎（編）『明治少女節用』	博文館／東京日本橋	1907（明治40）年9月	488頁「草花栽培」、493頁「盆栽仕立法」として「盆栽、盆栽の種類、盆栽の地質、肥料、灌水、盆栽と棚、仕立法の注意」の各記述がある。	盆栽「ぼんさい」、「盆栽とは極めて狭き盆の裡に、植物の形態を自然のままで縮めたもの」	観葉樹木類（杉）、観實樹木類（橘、石榴）、観花樹木類（梅、櫻）、松、竹類
85（146）	橘旭翁（閲）『橘流筑前琵琶（稽古本）盆栽樹』	藤井改進堂／大阪東	1910（明43）年6月	「何思ひけん主人には庭の方へと立ち出でしが 携えきぬる 鉢の木は 梅松櫻の三種にて」	盆栽樹「はちのき」、鉢の木「はちのき」と振り仮名がある。橘旭翁（1848—1919）筑前琵琶の創始者。1901年（明治34）旭翁と改め、橘流筑前琵琶とした。本作は「鉢の木」の稽古本。	梅、松、櫻
86（172）	青木呉山（正光）『美学講話』	晴光館／東京京橋	1910（明治43）年7月	109頁「第四講 芸術」として、「一六盆景、盆栽、挿花、書字など、一七建築、一八彫刻、一九絵画、二〇音楽、二一話術、二二文学、二三舞踊、二四演劇」をあげる。	※「盆栽」に振り仮名なし。「低級の芸術」として一括して初めに説明をしている。	
87（173）	黒田清鷹『廃物利用法：実地経験』	和田文宝堂／東京神田	1910（明治43）年9月	14頁「茶売は盆栽の肥料」、15頁「米洗水で盆栽の苔」	盆栽「ぼんさい」	

法」「盆栽（はちうへ）生竹細工の伝」（図1-45〜47）、「草木一夜に枯る伝」「俄に草花を咲の伝」「花の色を白色に変らせる法」「皿鉢に花を生る智工」「朝顔の花と昼夜自在に咲せる法」など、同じものや類似するものがある。鉢や盆を使った同じ仕掛けでも挿絵を少し変化させて紹介しており、図1-48〜1-50にあるように、No.74／77／80には「火を点したる蠟燭又或は大石杯を水中に写したる伝」として、植物以外にも盆に奇石を置いた飾りにみえる形式と工夫がある。盆栽の語に関しては、1887（明治20）年代には、「盆栽」が使用されるが、文中に「盆種（はちうへ）」「盆栽（はちうゑ）」も使用されていることがわかる。

図1-45〜1-47　『西洋てじな独芸好』『手品種本：日本西洋』『新編御伽文庫（中）』「盆栽（はちうへ）生竹細工の伝」

図1-48〜1-50　『西洋てじな独芸好』『手品種本：日本西洋』『新編御伽文庫（下）』の３冊に、「火を点し
　　　　　たる蠟燭又或は大石杯を水中に写したる伝」として掲載されているそれぞれの挿絵

　No.76 痩々亭骨皮道人（演説）／和良井鋤太（筆記）『滑稽独演
説：拍手喝采（正）』は、骨皮道人[28]による滑稽話・演説の筆記
録で、「道楽」の演題に「凸凹で不具な出来そこないの古茶碗や
古器具を集めツクイモ同様な山水を愛し口には名月やの寝言を迂
鳴り手にはヒン曲りの盆栽を捻くり回し人の不景気や難澁は十年
が百年でも辛抱すると云ふ人物も傍らより見れば實に世界の厄介
者の様なれども赤これ一種の道楽で御座います」とある。明治時
代前期の文人趣味、南画の大流行を受けて制作された山水画を
「ツクイモ山水（蕷薯山水）」と揶揄することがあり、その言葉を
盆栽流行に投げかける。悪意があるというよりも流行を笑い飛ば
すようにも聞こえる。

　「盆栽の改良を望む」については、骨皮道人は、近頃「改良」
が大流行しているので、寝ないで思いついたことが、盆栽（ここ
では風流に世渡りする人の翫弄物）の改良で、草木、梅櫻桃李、松
竹海棠、蘭菊木蓮を例に、「天性を曲ず発育を妨げない様にして
翫弄物にして貰ひたい」として聴衆に賛成を投げかけ、喝采を受
けている。盆栽は天然、自然のままが美しいとする、明治後半の
捉え方である「自然主義盆栽」への下地となる話で、さらに「天
性のまま」を問う。盆栽の入手先としては盆栽園ではなく、「水
天宮の縁日」や「地蔵様の縁日」で売っているものとの記載もあ
り、一般的な入手先である縁日での販売を裏付ける。

　また、No.81 凌翠漫士『道楽百種：人情快話』には「道楽」が
本のタイトルになっており、盆栽に限らず百種の道楽について書
かれた滑稽本となっている。面白い道楽としては、学問道楽／瓢
簞道楽／議論道楽／訴訟道楽／船道楽／球道楽／盆石道楽／笛道
楽／講談道楽／鳥道楽／魚道楽／小説道楽／人力車道楽／玉突道
楽などがある。「盆栽道楽」の内容は、盆栽の蘭を培養する者と
植木屋の値段付けの話として、置きどころがない（蘭500鉢／万
年青622鉢／その他）、庭も家の中も盆栽で埋まっていること。品

28　痩々亭骨皮道人（そうそ
　　うていこっぴどうじん）
　　（1861（文久元）年 - 1913
　　（大正2）年）は明治時代
　　の世相を風刺する滑稽作家、
　　小説家で、1887（明治20）
　　年代に活躍した。

図 1-51～1-53 『明治少女節用』「草花栽培法挿絵」p.489「盆栽仕立法挿絵」pp.494-495

種も多数あり、接木、実生、苗を集めていて、儲けにならない。これはやはり道楽だろう、という流れでまとめる。盆栽に熱をあげた際に使われる「道楽」という語については、1887（明治20）年代から1897（明治30）年代にかけて、話題にする図書が多く出ており、言葉としての「道楽」の広まりがあったようである。

　No.84 巌谷小波／沼田藤次／竹貫直人／木村定次郎（編）『明治少女節用』には、「盆栽とは極めて狭き盆の裡に、植物の形態を自然のままで縮めたもの」として、盆栽を「観葉樹木類（杉）」「観實樹木類（橘、石榴）」「観花樹木類（梅、櫻）」「松」「竹類」に分け、3枚の挿絵が入る（図1-51～1-53）。当時の資料に紹介される普及型の盆栽棚とバケツと如雨露（じょうろ）による、水遣りの様子も描かれている。

　No.85 の『橘流筑前琵琶（稽古本）盆栽樹』は、明治末の発行で、橘旭翁による「鉢の木」の琵琶稽古本で「何思ひけん主人には 庭の方へと立ち出でしが 携えきぬる 鉢の木は 梅松櫻の三種にて」と台詞が入る。鎌倉時代の設定で盆栽樹（はちのき）と、鉢の木（はちのき）の語と、どちらも使用され振り仮名がある。他に「国立国会図書館オンライン」検索では琵琶稽古本72冊が出てくるが、他に盆栽の語は本文にないことから、本作「盆栽樹」のみを表に記した。

　No.86 は、青木呉山（正光）『美学講話』は1910（明治43）年7月の発行の美学芸術論で、「第四講 芸術」として、「一六盆景、盆栽、挿花、書字など、一七建築、一八彫刻、一九絵画、二〇音楽、二一話術、二二文学、二三舞踊、二四演劇」をあげ、「盆景、盆栽、生花、書字」について簡潔に触れる。「盆栽の方は、何処までも自然的なるを尚びまする」として自然について触れている。ただこれら「盆景、盆栽、生花、書字」は、実用の目的から独立できないもので、西欧諸国の芸術論にないものなので、いわゆる芸術ではないと主張し、このことから、低級の芸術であることは免れないとした。盆栽の専門書ではなく、美学芸術論に示された

伝統文化の解釈について示されており、他にも同じ美学としての
盆栽論に触れた考察がないか、今後検討がまたれるところである。

（10）名士録

　表 1-11 に示した名士録は社会的に著名だった特定の個人の記
録（今回の検索では No.90 中江兆民、No.91 佐久間貞一、No.93 岩崎
弥之助に記述）、または企画に沿って複数の対象者に日頃の活動や
趣味を聞き取って図書としたものがあり、当時の様子が掲載さ
れている。これらは名士録である第 2 章の『趣味大観』の発行
意図につながるものである。記事の中には取材の様子を記者がそ

表 1-11 名士録

No. （検索順）	著者・題	出版社（者）・所在	発行年月 （西暦・和暦）	該当文	読み方・備考	植物種
88（35）	平田勝馬（編）『五十名家語録』	鉄華書院／東京牛込	1898（明治31）年10月	伊東己代治、15頁、盆栽は禅也、「盆栽は禅也、座禅工風に依らずんば、禅に入る能はずとなすもの、何の見る所ありて然るか、予は深く盆栽を愛して以て自ら禅機を養ふを得るなり。」	※「盆栽」に振り仮名なし、附録に大隈重信の「記憶のまま」	
89（39）	中央新聞社（編）『名士の嗜好』	文武堂／東京神田	1900（明治33）年3月	115頁、喜谷市郎右衛門君「盆栽」、182頁、曾禰荒助君「菊、土の拵へ方、菊の作り方、花の種類、外國に於ける菊の流行、菊と蕙の別」、268頁、伊藤勇吉君「盆栽」	自然盆栽「しぜんぼんさい」	
90（42）	岩崎徂堂『中江兆民奇行談』	大学館／東京神田	1901（明治34）年12月	69頁、唐人の書と盆栽は大嗜好物「暇さへあれば庭に出ては盆栽をいぢり廻し（略）」	盆栽「ぼんさい」	
91（59）	豊原又男（編）『佐久間貞一小伝』	秀英舎庭契会／東京京橋	1904（明治37）年11月	173頁「笑花園の盆栽」、麻布広尾にある花戸笑花園を訪ね、高価なので購入しなかった話。	※「盆栽」に振り仮名なし	芍薬、花菖蒲、奇石珍盆、石菖蒲
92（79）	伊藤敬次郎（編）『通の話』	敬文館／東京日本橋	1907（明治40）年9月	64頁「盆栽通（喜谷市郎右衛門）」（盆栽の種類、天下一品、盆栽家の注意、肥料の事、畢竟は手入、現時の盆栽）、110頁「園芸通（伯爵酒井忠興）」、135頁「薔薇通（竹越与三郎）」	山盆栽、庭盆栽、草盆栽の三種に分類し、全て山から取ってきたもの。以前は 2000 鉢あった。盆栽「ぼんさい」	柘榴、楓樹（もみじ）、櫻桃、又市兵衛から松、名波氏より小品半懸崖の松、富士櫻、着石盆栽（石着き盆栽）
93（87）	豊原素水『財界の覇王紳士の模範岩崎弥之助』	忠文舎／東京京橋	1908（明治41）年4月	71頁「彼れの盆栽趣味」	盆栽は「大小の名品五六百鉢」、盆石は「約六百個、中にも元太田吉右衛門といふ煎茶家の所有であった娥眉山、荒磯の二石」「大温室二個」「箱室五十余個」	石榴、ゆすら梅、山紅葉（元喜谷家）、野梅（元石川家）、緋梅（元風間家）
94（184）	双楓書楼同人（編）『名流百道楽』	博文館／東京日本橋	1911（明治44）年6月	165頁、道楽・陸軍中将男爵 黒瀬義門、220頁、盆栽道楽・子爵 伊東己代治、270頁、自然道楽・子爵 黒田清綱、428頁、山草道楽・子爵 松平康民	盆栽「ぼんさい」、山川花卉「さんせんくわき」、珍花奇木「ちんくわきぼく」、常盤樹「ときわぎ」、花物「はなもの」、珍草「ちんそう」	菊（中菊・狂ひ菊）、柴草、蔦紅葉、柿紅葉、楓樹、松、杉、檜、梅、櫻、牡丹、西洋草花、山草

のまま記述しているものもあり、対象者の人柄が文面にでていて、口述記録としての面白さもある。リストにまとめたものは、「盆栽」の語をキーワードで検索した際に現れた図書であり、それぞれ盆栽にまつわるエピソードや思い入れが記述として確認できる。

表1-11 No.89『名士の嗜好』の「喜谷市郎右衛門君」「盆栽」には、記者の取材による記録として、1877（明治10）年頃に婦人向け漢方薬である「喜谷實母散」の販売で家を立て直したこと、1880～81（明治13～14）年から盆栽を始め、約2000鉢を管理していることがまとめられている。盆栽の管理は下女や車夫、植木屋も月に6回くらい1人2人が手入れに来ており、「自然盆栽」を意識して、香樹園孫八、その弟子の茗香園の植木屋も来ているとのことであった。盆栽の同好としては西園寺侯爵（公望）、伊東男爵（巳代治）、大隈伯爵（重信）の名前があり、特に伊東巳代治氏は1897（明治30）年代に1000鉢を管理していると記す。またこの頃には盆栽の値段も高騰していること、自分が楽しむために管理しており、蘭や万年青は欲張草（よくばりそう）といって相場が難しいと語る。名品としては旧幕府の眼科医で日本橋の樋口という人の家にあった紅葉がよく、煎茶人であったが、隠居後に亡くなり、苔香園を経由して1884（明治17）年に、喜谷が盆栽を引き取ったとのことであった。この紅葉は150年を超える樹齢で、幹筋や根張りがいいと評判であった。また大隈侯爵婦人も盆栽が好きであること、元朝顔屋の丸新（入谷百草園）が縁日師の時代に買った海棠が掘り出し物であったこと、伊東男爵は竹が好きで上手なことなどが語られている。

同書では、1900（明治33）年当時、貴族院勅選議員を務めていた曾禰荒助は秋菊会を設けて菊の栽培をしていること、会員は300名に増えていることを述べ、「菊、土の拵へ方、菊のつくり方、花の種類、外國に於ける菊の流行、菊と薹の別」について解説を行っている。16頁にわたる説明の中で、曾禰は、菊の栽培は花壇や鉢植（はちうえ）にしていることを述べ、盆栽については「お前は菊を遣るから盆栽が出来るだろうといふ人が多いけれど、私は盆栽は一寸とも不可（いけ）ん 能く伊東巳代治さんや伊藤勇吉さんが盆栽家で度々勧められるけれども、種々（いろいろ）の鉢を並べて置くと何だかコウ植木屋の様な具合で、ドウも氣が乗らんのじゃ」と語る。また説明には広尾の笑花園、団子坂に2軒、藪蕎麦のところに1軒、田村氏が栽培しているといい、栽培には場所を取ることについて触れている。

伊藤博文の養嗣子である伊藤勇吉氏は神戸滞在中に縁日で植木を買ったのが始まりで（当時盆栽は頭になかった）、東京に移って

からは芝公園の苔香園で種々のものをみて、苔香園の老爺（おやぢ）が盆栽の学問に長けていること、盆栽には「小さくして大木に見えたるもの」「品柄が珍しいもの」「大きくても樹容の面白いもの」の３種があることを述べている。樹種としては柿、松、藤、銀盃花、梅、春黄梅、櫻桃、林檎、があり、一部海外からのものや、伊東男爵からの交換の持ちかけ話などに触れている。

　No.92 伊藤敬次郎（編）『通の話』では、「盆栽通（喜谷市郎右衛門）」が再度登場し、「盆栽の種類」「天下一品」「盆栽家の注意」「肥料の事」「畢竟は手入」「現時の盆栽」といった項目で、盆栽の分類は「山盆栽」「庭盆栽」「草盆栽」である。全て山から採ってきた（山取り）もので、以前は 2000 鉢あった。また本文に「園芸通（伯爵酒井忠興）」「薔薇通（竹越与三郎）」の２名も取りあげられている。同様に No.94 双楓書楼同人（編）『名流百道楽』では、「道楽・陸軍中将男爵 黒瀬義」「盆栽道楽・子爵 伊東己代治」「自然道楽・子爵 黒田清綱」「山草道楽・子爵 松平康民」などの名前と記事がある。

（11）煎茶会図録

　表 1-12 No.95 山本挙吉『煎茶指南茗讌図録』は、（上）において「茶史」「玩器」「試湯」「選炭」「蔵茶」「験水」「茶主之心得」「客之心得」、そして「席上手順」として 33 条を示し、（下）には「文房ノ品類」「新古書画」「古玉」「古銅」に並んで「盆栽ノ養法」「月琴ノ譜」「唐韻」「木琴」「提琴」を、道具の木版と陳列

29　麓和善／櫃本聡子／濱田晋一「煎茶会図録の書誌的考察 －煎茶会図録による煎茶席の空間特性に関する研究 その１－」『日本建築学会計画系論文集』第 84 巻第 755 号 pp.209-219、2019

30　櫃本聡子／濱田晋一／麓和善「煎茶会図録にみる煎茶会の会場－煎茶会図録による煎茶席の空間特性に関する研究 その２－」『日本建築学会計画系論文集』第 84 巻第 763 号 pp.1987-1992、2019

31　無待庵主人（編）『盆栽瓶花聚楽会図録』（上）（下）1903 年は、盆栽商主催の煎茶会図録（茗讌図録）である。

表 1-12　煎茶会記録（茗讌図録）

No. （検索順）	著者・題	出版社（者）・所在	発行年月 （西暦・和暦）	該当文	読み方・備考	植物種
95（16）	山本挙吉『煎茶指南茗讌図録（下）』	高崎脩助／東京日本橋	1884（明治 17）年 2 月	「茶ハ文人墨客ノ玩具ニシテ珍器ヲ賞玩シ古器ヲ愛蔵スルニ至レハ必ス雅到ヲ本トナスヘシ」として、沸騰する湯の中に茶を入れる旧来の方法、闘茶会ではない、風味を生かした異なる方法を編集す。陳列の手順を示す。	※「盆栽」に振り仮名なし	「盆栽陳列之図」「其二」に陳列された盆栽
96（52）	無待庵主人（編）『盆栽瓶花聚楽会図録（上）』	義昌堂／東京京橋	1903（明治 36）年 12 月		※「盆栽」に振り仮名なし	多数の掲載
97（53）	無待庵主人（編）『盆栽瓶花聚楽会図録（下）』	義昌堂／東京京橋	1903（明治 36）年 12 月		※「盆栽」に振り仮名なし	多数の掲載
98（95）	大塚杉陰（林泉亭）『煎茶式（後編）』	大塚益郎（香樹園／吉川弘文館）／越後三島郡	1910（明治 43）年 7 月	「盆栽陳列ノ式例 主客ノ心得」「盆栽陳列器具配置ノ図」	※「盆栽」に振り仮名なし	

図 1-56 豊原国周『東京自慢名物会』「竹本小政／ビラ辰／料理温泉いかほ清水栄太郎／新吉原仲の町 貴島屋いく 近藤いく／見立模様品川乾海苔染」 1896（明治26）年 東京都立図書館所蔵

図 1-57 無待庵主人（編）『盆栽瓶花聚楽会図録（上・下）』「しる粉 岡埜」（下巻）義昌堂 p.45、1906（明治36）年

の配置図をみせる。「茶ハ文人墨客ノ玩具ニシテ珍器ヲ賞玩シ古器ヲ愛蔵スルニ至レハ必ス雅到ヲ本トナスヘシ」として、闘茶会や、沸騰する湯に茶を入れる旧来の方法にかわる、風味を生かした異なった煎茶法を示した。盆栽に関しては（下）に見開き「盆栽陳列之図」「其二」の２図をみせる（図1-54／図1-55）。

図 1-54 『煎茶指南茗讌図録（下）』「盆栽陳列之図」

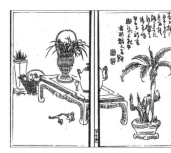

図 1-55 前掲書「其二」

煎茶会図録（茗讌図録）の研究は、麓和善／櫃本聡子／濱田晋一「煎茶会図録の書誌的考察－煎茶会図録による煎茶席の空間特性に関する研究 その１－」(2019)[29]、同じく、櫃本聡子／濱田晋一／麓和善「煎茶会図録にみる煎茶会の会場－煎茶会図録による煎茶席の空間特性に関する研究 その２－」(2019)[30] に詳しい。前論では悉皆的に収集した51本の記録を対象に、「煎茶会記録の成立、編著者や出版年代・地域等の考察」を行い、流行の傾向を明らかにした。また後論では、建築学の観点から会場の考察を行っている。前掲の論考にある全51件の煎茶会図録のうち、No.96〜97 無待庵主人（編）『盆栽瓶花聚楽会図録』（上）（下）（図1-57〜1-61）は、盆栽商主催の煎茶会図録（茗讌図録）としては唯一のものである。

内容は「明治36年11月21〜22日に、聚楽会が東京根岸の菓子屋岡埜の支店である古能波奈園と、群馬の伊香保温泉の２か所で開催した秋季大会『瓶花盆栽煎茶箭大会』の図録」[31] で、出品者の記録、飾りが版入りで掲載されている。論文中、群馬とされている伊香保は、上野鶯谷の「上野鶯谷伊香保（温泉御料理）」と考えられる（図1-56）が、無待庵主人の1903（明治36）年12月の前述によれば、２会場で35席の飾りがあり、写真ではなく、英朋、英村、鳩窓の画師に写生をさせ、陳列の位置を調整して図版を掲載したとある。上下巻からは全ての飾りを確認できないが、両会場を移動して楽しんだ様子がわかる。

（上）に記載される出品者は個人４名、巣鴨連（壽山園、愛松

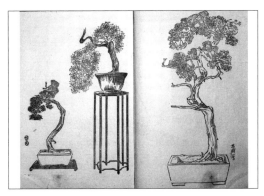

図1-58 前掲書「大畑多左衛門氏」（上巻）pp.4-5

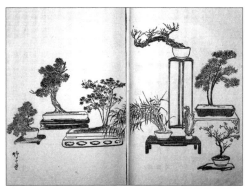

図1-59 前掲書「巣鴨連」（上巻）pp.20-21

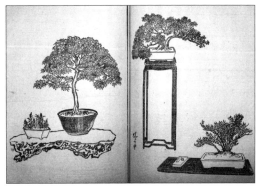

図1-60 前掲書「苔香 百草 香樹三園」（下巻）pp.26-27

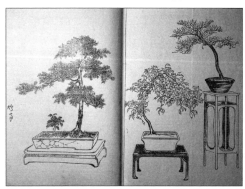

図1-61 前掲書「初音園」（下巻）pp.34-35

園、栽花園、芳樹園、培樹園、松花園）、清大
園、千樹園、薫風園の酒席、田宮楓渓の茗莚
となっている。（下）は個人4名、義昌堂木
曾庄七、苔香園、百草園、香樹園、西花園、
九華堂、初音園、清大園、五十嵐成竹堂とな
っている。個人では加藤金之助と、清大園の
み、席飾りが上下巻に掲載がある。盆栽園に
よる出品が多いことから業者の見本市や交流
イベントとしての位置づけが大きい可能性も
ある。掲載されている盆栽は多く、陳列品と
しての完成度も高く、煎茶飾りの一つであっ
た盆栽を大きく取りあげた記念すべき陳列会
であった。

図1-62 大塚杉陰（林泉亭）『煎茶式（後編）』
「盆栽陳列器具配置ノ図」大塚益郎 p.48、
1913（明治43）年

　No.98 大塚杉陰（林泉亭）『煎茶式』（図1-62）は、大塚の自序
に、室内の装飾陳列式の例を述べることで初学者の参考にしたい
と述べられており、出版社を香樹園として発行している。前編に
「主ノ心得、客ノ心得、器具種類及ヒ形状ノ配合、器具色ノ配合、
茶室品目、茶室別種品目、水厨品目、待合室品目、茶具配置ノ図、

写真 1-2／1-3　『明治六年墺國博覽會出品寫真帖』「鶏卵紙印画写真 66 枚のうち 37 枚目（左）と 59 枚目（右）」横山松三郎（撮影）1872-1873（明治 5-6）年 東京大学総合図書館所蔵

茶席ノ図」について、後編に「室内装飾、盆栽陳列、書画展観、会席、前編点茶式の各方法と心得、待合室装飾、前席装飾、茶室装飾、文房室装飾、揮毫室装飾、盆栽陳列、書画展観の各器具配置ノ図」について紹介しており、煎茶の形式に合わせた盆栽の席飾りを示した。扉には渡辺千秋（楓関）の揮毫もあり、本資料と『煎茶指南茗讌図録（下）』など、No.95〜98 の茶会資料には同時代の盆栽家の交流の様子を確認できる。

（12）産業記録

　最後に共進会・博覧会など、産業に関する記録などを表 1-14 にまとめた。万国博覧会は 1851（嘉永 3）年のロンドンでの開催をはじめに、幕末から明治期にかけて世界各地で開催されている。日本の人々も視察するようになり、1873（明治 6）年のウィーン万国博覧会からは、公式に出品した。東京大学に保存された出品記録をみると、ウィーン万博（墺國博覽會）での出品物の中には、鉢、盆、水盤の類を多く確認できる。写真記録には、陶器製あるいは、他の素材・技法でつくられた花器なども含まれており、殖産興業を国策とした日本は、多くの工芸品や置物の出品を行っていたことがわかる（写真 1-2／1-3）。

　また同じく東京大学に保存された田中芳男[32]『澳国博覧会出品盆栽写真帖』には、盆栽として持ち込まれた 17 点が写真で記録されており、当時の樹形を確認する上で貴重な資料となっている（写真 1-4〜1-11）。産業記録に分類した資料は 1897（明治 30）年代から明治末のものであるが、次頁に 1873（明治 6）年の該当写真を参考に掲載する。

　国内では明治のはじめ博覧会への関心が高まり、1871（明治 4）年の京都博覧会、1877（明治 10）年からは内国勧業博覧会が開催されている。これらの博覧会では盆栽の出品があり、賑わっ

32　田中芳男（1838（天保 9）年〜1916（大正 5）年、蘭方医伊藤圭介に学んだ植物学者で、1862（文久 2）年蕃書調所に出仕し、物産学を担当、その後、パリ万国博覧会、ウィーン万国博覧会に参加した。また、内国勧業博覧会の開催を推進し、殖産興業政策に尽力しており、盆栽の記録も残る。

写真 1-4～1-11　田中芳男『澳国博覧会出品盆栽写真帖』「写真 17 枚のうち 8 枚」1873（明治 6）年撮影 1889（明治 22）年制作 東京大学総合図書館蔵

ていた。江戸時代の日本では薬品会・本草会・物産会と呼ばれていた展示会があったが、万国博覧会の視察や出品を機に、内国勧業博覧会としても開かれていく。第 1 回の東京上野 1877（明治 10）年の開催から、第 2 回東京上野 1881（明治 14）年、第 3 回東京上野 1890（明治 23）

	第1回	第2回	第3回	第4回	第5回	東京勧業博
1）開 催 年	明治 10 年	明治 14 年	明治 23 年	明治 28 年	明治 36 年	明治 40 年
2）開 催 地	東京・上野	東京・上野	東京・上野	京都・岡崎	大阪・天王寺	東京・上野
3）開 会 日 数	112	122	122	122	153	134
4）出 品 点 数	84,352	331,169	167,066	169,098	276,719	107,899
5）出 品 人 員	16,174	31,239	77,432	73,781	130,416	17,330
6）縦 覧 人 員	454,168	822,395	1,023,693	1,136,695	5,305,209	6,802,768
7）列品館坪数	3,013	7,563	9,569	8,744	16,506	5,812
8）総経費（円）	106,875	276,350	486,148	377,256	1,066,611	1,110,000

資料出所：第 1 回～第 5 回内国勧業博は、『第 5 回内国勧業博覧会事務報告（上）』8～9 頁、東京勧業博は、山本光雄『日本博覧会史』（理想社、昭和 48 年）、60～62 頁。

表 1-13　津川「内国勧業博覧会概要」（1988）を転記

年、第 4 回京都岡崎 1895（明治 28）年、第 5 回大阪天王寺 1903（明治 36）年、そして東京勧業博覧会（上野）へとつながっている。

　清川雪彦「殖産興業政策としての博覧会・共進会の意義－その普及促進機能の評価－」[33] には、「内国勧業博覧会概要」（表 1-13）として第 1 回～第 5 回、「東京勧業博」の具体的項目数の集計があり、具体的な規模を確認できる。

　国立国会図書館の「JAPAN SEARCH」による「盆栽」検索では、歌川国利（画）による「第二回内国勧業博覧会」の錦絵による案内記（図 1-63／1-64）があり、根上がりの松と梅、竹、牡丹（芍薬）の盆栽を確認できる。根上がり松のつくり方は同時期の栽培技法書（盆栽）に複数あるように、江戸時代からつくられた樹形である。

　資料を保管する台東区の説明では、「中門（旧寛永寺本坊門）を

33　清川雪彦「殖産興業政策としての博覧会・共進会の意義－その普及促進機能の評価－」『経済研究』39 巻 4 号 pp. 340-359、1988

表 1-14 産業記録

No. (検索順)	著者・題	出版社（者）・所在	発行年月 (西暦・和暦)	該当文	読み方・備考	植物種
99 (41)	東海農区五県聯合共進会事務報告書 第5回	岐阜県	1901（明治34）年10月	98頁、盆栽陳列場	※「盆栽」に振り仮名なし	
100 (43)	関東区実業大会報告 第5回（埼玉県主催）	第五回関東区実業大会／埼玉県北足立郡	1901（明治34）年3月	18頁「織物陳列場 附盆栽陳列」安行地方有志者盆栽ヲ陳列シテ一層ノ光彩ヲ添ヘ且ツ來會者ノ縦覧ニ供スルコトトセリ	※「盆栽」に振り仮名なし	
101 (55)	木崎好尚、古我雅芳（編）『博覧会案内記』	宇佐美重太郎／大阪北	1903（明治36）年3月	花卉、盆栽、苗木	※「盆栽」に振り仮名なし	
102 (67)	清韓商況視察報告（税関月報 附録：第32）	横浜税関	1906（明治39）年5月	80頁、韓国向キ輸出盆栽ニ関スル注意	※「盆栽」に振り仮名なし。輸出の際に、気候の差があるので研究する必要があることを示す。	
103 (74)	東京勧業博覧会案内	精行社出版部／東京浅草	1907（明治40）年6月	48頁「盆栽陳列所」陳列所は第一號館の横、美術館との間に在りて、細長き六十坪の陳列所なり。都下に名だゝる苔香園、栽花園、香樹園、九新、喜楽園、筑紫園等の出品多く正に之れ園藝家として垂涎止む能はざらしむるは蓋し此場所なるべし 其内最高價の盆栽としては五千圓の五葉松、八百圓の真柏等を最とす出品點數五百八十點なり。	※「盆栽」に振り仮名なし	
104 (81)	内外書籍出版発兌目録 138号	青木嵩山堂／大阪東	1903（明治36）年1月	243頁、茶の湯、煎茶、生花、盆栽	青木嵩山堂の出版目録『茶道早學－茶の湯、煎茶、生花、盆栽』『雅景築造 箱庭盆石図扁』『小物盆栽実験集』『草木図解 盆栽培養全書』『実験果樹草花培養図解』などの発行。※「盆栽」に振り仮名なし。	
105 (82)	内外書籍出版発兌目録 150号	青木嵩山堂／大阪東	1905（明治38）年1月	227頁、茶の湯、煎茶、生花、盆栽		
106 (83)	内外書籍出版発兌目録 157号	青木嵩山堂／大阪東	1907（明治40）年1月	257頁、茶の湯、煎茶、生花、盆栽		
107 (84)	内外書籍出版発兌目録 160号	青木嵩山堂／大阪東	1908（明治41）年1月	238頁、茶の湯、煎茶、生花、盆栽		
108 (86)	東京勧業博覧会審査報告（巻1）	東京府庁	1908（明治41）年2月	329頁「第三十四類 盆栽、箱庭」	「盆栽、箱庭ハ比較的多数ノ出品アリテ古木、文人、懸崖、叢植ヨリ盆景、盆石、配植等各種ヲ網羅し総数二百六十四点ニ達し風致」※「盆栽」に振り仮名なし。	
109 (174)	府県聯合共進会審査復命書（上）	農商務省総務局	1905（明治44）年3月	465頁「花卉、盆栽、装飾植物審査報告」	関西府県連合共進会の報告として、盆栽の審査要旨は、「1種類の選択、2樹姿の良否、3樹齢の多少、4培養の適否、5栽植の配置、6鉢若くは水盤と植物との調和」とある。この年「盆栽中優等ナルモノヲ挙クレバ京都府河合蔦倉出品ノ真柏」など、掲載される8枚の写真中6枚が盆栽で、2枚が温室となっている。	真柏、松、石附楓樹

No. (検索順)	著者・題	出版社（者）・所在	発行年月 （西暦・和暦）	該当文	読み方・備考	植物種
110（181）	明治四十三年陸軍特別大演習行幸記念写真帖	岡山県	1911（明治44）年3月	61頁「松、シコラン、楓ノ盆栽」、62頁「松、石付柏ノ盆栽」、63頁「桧、石ノ盆栽」	明治43年「陸軍特別大演習行幸記念」写真帖として岡山県の発行したもの。「御駐輦中 展覧ニ供シ奉ランガ為メ、書画、甲冑、盆栽等ヲ蒐集セリ本葉以下ハ貴重ナルモノナリ」として、絵画3点、甲冑3組、盆栽3点（飾り）を掲載したことがわかる。	松、シコラン、楓、石付柏、桧、石
111（194）	佐藤純吉／平野熊蔵（編）『京都実業界』	博信社／東京神田	1912（明治45）年5月	178頁、花商、造花商、179頁、植木商、盆栽商	商工業者の連絡先を示した京都を中心とした電話帳で、花商9件、造花商1件、植木商6件、盆栽商3件の掲載がある。	

入ってすぐ右、中央の噴水の手前に松と梅の巨大な盆栽、コンドル設計の美術館の前に竹盆栽が飾られている。美術館を取り巻くように、『トウブツカン（動物館）』『ノウキヤウカン（農業館）』『エンゲイカン（園芸館）』『キカイカン（機械館）』というパビリオンが配され、園芸館でも同じように松と梅の盆栽が展示されていた」[34] とある。

　No.99、100、102、109は共進会の報告書や視察の報告書で、No.109は、関西府県連合共進会の報告として、盆栽の審査要項は、「1種類の選択、2樹姿の良否、3樹齢の多少、4培養の適否、5栽植の配置、6鉢若くは水盤と植物との調和」と具体的に基準を示す。この年「盆栽中優等ナルモノヲ挙クレバ京都府河合蔦倉出品ノ真柏」など、掲載される8枚の写真中6枚が盆栽で、2枚が温室となっている。

　国内の博覧会に関するものがNo.101、103、108の3件ある。No.101『博覧会案内記』は1903（明治36）年3月1日から7月末まで大阪で開かれた「第5回内国勧業博覧会」のガイドブックになっており、大阪朝日新聞記者による共著で、展示会場の紹介が書かれているが、出品の中に「花卉、盆栽、苗木」を確認で

34　台東区立図書館デジタルアーカイブ「資料名1第二回内国勧業博覧会」「件名　内国勧業博覧会　噴水盆栽美術館博物館」に「解説」がある。https://adeac.jp/taito-lib/catalog/mp001350-100010（検索日：2023年10月1日）

図1-63／1-64　児玉弥七（編）／歌川国利（画）『第二回内国勧業博覧会』「扉ページ（左）」「園芸館（右）」大橋堂 1881（明治14）年 台東区立図書館所蔵

写真 1-12　『明治四十三年陸軍特別
　　　　　大演習行幸記念写真帖』
　　　　　「松 シコラン 楓ノ盆栽」

写真 1-13　前掲書「松 石付栢ノ盆栽」

写真 1-14　前掲書「桧 石ノ盆栽」

きる。案内地図には「動物運動場」の中央に、円形の場所に「盆栽陳列」と示されている。

次の第 6 回にあたる No.103『東京勧業博覧会案内』48 頁には、「『盆栽陳列所』陳列所は第一號館の横、美術館との間に在りて、細長き六十坪の陳列所なり。都下に名だゝる苔香園、栽花園、香樹園、九新、喜楽園、筑紫園等の出品多く正に之れ園藝家として垂涎止む能はざらしむるは蓋し此場所なるべし其内最高價の盆栽としては五千圓の五葉松、八百圓の真柏等を最とす出品點數五百八十點なり」とある。他の資料の多くでも時代を切り開いた園として登場する苔香園、香樹園が参加し、丸新（百草園）はその後、上野公園内根津駅方面に店を構えている。都内有数の盆栽園が出品し、580 点の出品数に加え、五千円という値段も紹介されており、当時の盆栽陳列の一場面だったことがわかる。

同博覧会 No.108 の『東京勧業博覧会審査報告（巻1）』は、329 頁「第三十四類 盆栽、箱庭」に、「盆栽、箱庭ハ比較的多数ノ出品アリテ古木、文人、懸崖、叢植ヨリ盆景、盆石、配植等各種ヲ網羅し総点数二百六十四点ニ達し風致」とあった。第 6 回にあたる東京勧業博覧会では、多数の盆栽（いずれも盆栽に振り仮名はない）の出品があったことを確認できる。内容には古木に続けて、文人、懸崖とあるので、文人趣味の流れが継続しており、「叢植」という表記が珍しい。また盆景、盆石を配置して展示している様子が伝わる。

その後、関東大震災前の大正時代には、「東京大正博覧会」「平和記念東京博覧会」が継続して開催され、大規模な陳列会場を舞台とした盆栽展が継続して人気を博したことがわかる。床の間と座敷で行われていた盆栽陳列は、大規模な陳列をみる博覧会を契機として、新しい方式として準備されたと考えられる。

No. 104〜107 は、出版社の青木嵩山堂（大阪東）の出版目録『内外書籍出版発兌目録』のうち、138 号、150 号、157 号、160 号である。1903（明治 36）年から 1908（明治 41）年にかけて、目次には「茶の湯、煎茶、生花、盆栽」があり、発行図書としては、『茶道早學－茶の湯、煎茶、生花、盆栽』『雅景築造 箱庭盆石図扁』『小物盆栽実験集』『草木図解 盆栽培養全書』『実験果樹草花培養図解』などを確認できる。

No. 110 の『明治四十三年陸軍特別大演習行幸記念写真帖』（写真 1-12〜1-14）は、1910（明治43）年に岡山県が発行したもので、

「御駐輦中 展覧ニ供シ奉ランガ為メ、書画、甲冑、盆栽等ヲ蒐集セリ本葉以下ハ貴重ナルモノナリ」として、絵画3点、甲冑3組、盆栽3席を掲載したことがわかる。それぞれ明治時代の盆栽の席飾りを示した作例で、「松、シコラン、楓ノ盆栽」「松、石付栢ノ盆栽」「桧、石ノ盆栽」となっている。

3 明治期の「盆栽」図書資料の考察

　ここまで、国立国会図書館に所蔵される図書資料から、出版年1880（明治13）年〜1912（明治45）年にあたる、明治期の盆栽の記述を（1）から（12）に分けて、111冊の図書の確認を行った。図書の要点を抜き、その特徴を示したつもりだが、読みづらい内容だったことをご海容いただきたい。また一部については関連資料についても触れてきた。概略をまとめると次のようになる。

1. 明治時代の前期には「はちうゑ・ボンサイ」の併記だけではなく、漢字にも様々な表記があった。具体的には「盆植」「盆樹」「盆栽」「鉢樹」「鉢植」「植盆」「登盆」などである。後期は徐々に「盆栽（ボンサイ）」に統一されていく。

2. 盆栽の範囲は、明治前期は鉢植え全般を指していたが、文人趣味の影響を受け、現代の盆栽の範囲に絞られていく。盆栽と鉢植えの違いを啓蒙する記述がある。

3. 国立国会図書館の図書資料には、便宜上分けた12分野にわたって「盆栽」の語が記載されており、広義の盆栽が、もともとの使われ方としてあったことが確認できる。再掲すると「百科事典」「文例集」「教科書」「画譜・目録」「名所案内誌」「栽培書（盆栽）」「栽培書（園芸）」「栽培書（農業）」「趣味・実用書」「名士録」「煎茶会図録」「産業記録」の12分野である。

4. 明治初期は、机上の清風を感じる趣のある飾り、盆栽に限らず、文房至宝、机、花瓶、筆筒、水注、奇石、筆置、墨台、扇、籠、煎茶道具、茶筒、グラス、炭入れ、道具入れ、炉、書物、盆、添景を合わせていたが、次第に盆栽が園芸の一分野として独立した様子を確認できる。同様に、煎茶、書、画、骨董、盆栽等が分野として分かれていった。

5. 盆栽の分け方では観葉樹木、観實樹木、観花樹木があり、観葉植物はそこから派生した可能性がある。

6. 盆栽は江戸期の植木屋の技術と士族の園芸趣味の継続、維新後の職の転向によって交流と生産、出版が進み、流行の広が

る基盤となった。

7. 明治期の出版社のほとんどは大阪と東京に分かれる。

8. 身分が変わり、新しいステータスとしての名士録が登場し、盆栽趣味も掲載される。

9. 明治20年代から30年代には「道楽」という語が出現し、道楽としての盆栽、盆石なども書かれるようになる。道楽は経済性がない事、趣味に熱中する事を含み、ポジティブあるいは滑稽に描かれる。

10. 流行した山水趣味を揶揄する言葉として「ツクイモ山水（蕷薯山水）」の言葉が盆栽にもかけられる。

11. 明治後期になると山取りだけでなく、生産対象としての盆栽が広がり、盆栽書で栽培方法が盛んに紹介される。

12. 教科書（往来物）では早い段階で、盆栽の贈答を例にした文章表現がある。

13. 盆栽に対して、「自然」「天然」「天性」などの語が使用される。

14. 盆栽に関しては、観葉樹、観實樹、観花樹、観葉草（蘭、万年青、石昌）、球根（水仙、百合、天竺牡丹）の分類がある。盆栽（はちうゑ）から、盆栽（ボンサイ）と蘭、万年青、菊、仙人掌、躑躅（のちの皐月）、水仙、球根、観葉草（のちの観葉植物）がそれぞれの専門として分離していく。

15. 盆栽の下草（添え）として、山野草が新たに加わった。

16. 盆栽の種別について、広義と狭義の範囲があり、盆栽（はちうゑ）から盆栽（ボンサイ）になったことで、鉢植えとしての園芸植物（朝顔、菊、水仙、桜草、万年青、蘭など）は独立して、多くは観葉植物・古典園芸に入ったと考えられる。

第 1 章　図・写真出典一覧

墨江武禅（画）／墨江愛山（編）『占景盤図式（天／地）』1826（文政 9）年 早稲田大学図書館所蔵（図 1-3／1-4）

伴源平（編）『浪華みやげ』赤志忠七 1881（明治 14）年 国立国会図書館デジタルコレクション https://dl.ndl.go.jp/pid/898031（検索日 2023-9-1）（図 1-7／1-8）

樋口文山（述）『教育子供演説：いろは格言』赤志忠雅堂 1889（明治 22）年 国立国会図書館デジタルコレクション https://dl.ndl.go.jp/pid/755117（検索日 2023-9-1）（図 1-9/1-10/1-11）（表紙、p.37、p.61）

六花園芳雪（画）『吉助牡丹盛り（なにわ百景）』石川屋和助 1800 年代 東京都立図書館所蔵 https://archive.library.metro.tokyo.lg.jp/da/detail?tilcod=0000000003-00019747（検索日 2023-9-1）（図 1-12）

深田直城（画）『小学日本画帖：高等科用（巻 2）』細謹舎 1900（明治 33）年 国立国会図書館デジタルコレクション https://dl.ndl.go.jp/pid/850782（検索日 2023-9-10）（図 1-14）

深田直城（画）『小学日本画帖：高等科用（巻 5）』細謹舎 1900（明治 33）年 国立国会図書館デジタルコレクション https://dl.ndl.go.jp/pid/850785（検索日 2023-9-10）（図 1-15）

深田直城（画）『小学日本画帖：高等科用（巻 8）』細謹舎 1900（明治 33）年 国立国会図書館デジタルコレクション https://dl.ndl.go.jp/pid/850788（検索日 2023-9-10）（図 1-16）

池田雲樵『雲樵画譜（3.4）』細川清助 1880（明治 13）年 国立国会図書館デジタルコレクション https://dl.ndl.go.jp/pid/850033（検索日 2023-10-1）（図 1-17〜1-22）

遠藤茂平（編）『京都名所案内図会（坤）』正宝堂 1881（明治 14）年 国立国会図書館デジタルコレクション https://dl.ndl.go.jp/pid/765629（検索日 2023-10-1）（図 1-23）p.15

名古屋開府三百年紀念会（編）『名古屋案内』1910（明治 43）年 国立国会図書館デジタルコレクション https://dl.ndl.go.jp/pid/765224（検索日 2023-10-10）（図 1-24）p.74

鈴木鐸郎（編）『盆栽名称一覧』1882（明治 15）年 国立国会図書館デジタルコレクション https://dl.ndl.go.jp/pid/840318（検索日 2023-8-1）（図 1-27／1-28）

安達吟光（平七）『実験果樹草花培養図解：一名・接木及盆栽育法』青木嵩山堂 1900（明治 33）年 国立国会図書館デジタルコレクション https://dl.ndl.go.jp/pid/840135（検索日 2023-8-1）（図 1-29）p.162

江原梅松（春夢）『果樹草花盆栽庭園 続園芸全書』博文館 1902（明治 35）年 国立国会図書館デジタルコレクション https://dl.ndl.go.jp/pid/840041（検索日 2023-10-10）（図 1-30）

富益良一／鈴木敬策／田中万逸『実用園芸全書：蔬菜・果樹・花卉・盆栽』実業之日本社 1911（明 44）年 国立国会図書館デジタルコレクション https://dl.ndl.go.jp/pid/840150（検索日 2023-11-11）（図 1-31）p.616／（図 1-32）p.702／（図 1-33）p.744

三戸興彰（編）『盆栽手引種』篆々堂 1883（明治 16）年 国立国会図書館デジタルコレクション https://dl.ndl.go.jp/pid/840311（検索日 2023-10-1）（図 1-34）

岡本散史『草花木竹盆栽培養法』魁真書楼 1894（明治 27）年 国立国会図書館デジタルコレクション https://dl.ndl.go.jp/pid/840185（検索日 2023-10-1）（図 1-35）p.61

村田利右衛門／江原梅窓（編）『名家愛蔵盆栽奇石逸品集』香樹園 1903（明治 36）年 国立国会図書館デジタルコレクション https://dl.ndl.go.jp/pid/988187（検索日 2023-9-20）（図 1-36）

木部米吉『盆栽培養法秘訣』苔香園 1911（明 44）年 国立国会図書館デジタルコレクション https://dl.ndl.go.jp/pid/840316（検索日 2023-11-11）（図 1-37）p.49

藤江卓蔵『葡萄剪定法（上）』1884（明治 17）年 国立国会図書館デジタルコレクション https://dl.ndl.go.jp/pid/840291（検索日 2023-8-20）（図 1-38／1-39）p.26

賀集久太郎『薔薇栽培新書』朝陽園 1902（明治 35）年 国立国会図書館デジタルコレクション https://dl.ndl.go.jp/pid/840278（検索日 2023-8-20）（図 1-40）

鈴木敬策（編）『通俗農業大全』博文館 1911（明治 44）年 国立国会図書館デジタルコレクション https://dl.ndl.go.jp/pid/838875（検索日 2023-9-15）（図 1-41〜1-44）pp.221-225

佐藤富七郎（編）『西洋てじな独芸好』桑林堂 1884（明治 17）年 国立国会図書館デジタルコレクション https://dl.ndl.go.jp/pid/861545（検索日 2023-9-10）（図 1-45）p.10／（図 1-48）p.6

内藤彦太郎（編）『手品種本 : 日本西洋』風月堂 1887（明治 20）年 国立国会図書館デジタルコレクション https://dl.ndl.go.jp/pid/861621（検索日 2023-9-10）（図 1-46）p.24／（図 1-49）p.16

忍の舎学仙（編）『新編御伽文庫（中）』牧野書房 1892（明治 25）年 国立国会図書館デジタルコレクション https://dl.ndl.go.jp/pid/861525（検索日 2023-9-10）（図 1-47）p.11

忍の舎学仙（編）『新編御伽文庫（下）』牧野書房 1892（明治 25）年 国立国会図書館デジタルコレクション https://dl.ndl.go.jp/pid/861526（検索日 2023-9-10）（図 1-50）p.21

巌谷小波（編）『明治少女節用』博文館 1907（明治 40）年 国立国会図書館デジタルコレクション https://dl.ndl.go.jp/pid/1170023（検索日 2023-9-11）（図 1-51〜1-53）p.489／pp.494-495

山本挙吉『煎茶指南茗讌図録（下）』高崎脩助 1884（明治 17）年 国立国会図書館デジタルコレクション https://dl.ndl.go.jp/pid/860643（検索日 2023-8-1）（図 1-54／1-55）pp.14-15

大塚杉陰（林泉亭）『煎茶式（後編）』大塚益郎 1913（明治 43）年 国立国会図書館デジタルコレクション https://dl.ndl.go.jp/pid/860641（検索日 2023-8-1）（図 1-62）p.48

『明治四十三年陸軍特別大演習行幸記念写真帖』岡山県 1911（明治 40）年 国立国会図書館デジタルコレクション https://dl.ndl.go.jp/pid/843968（検索日 2023-9-10）（写真 1-12〜1-14）pp.61-63

石田旭山（編）『京都名所案内図会（下）』正宝堂 1887（明治 20）年 国立国会図書館デジタルコレクション https://dl.ndl.go.jp/pid/765627（検索日 2023-10-1）（表 1-6）p.45

清川雪彦「殖産興業政策としての博覧会・共進会の意義－その普及促進機能の評価－」『経済研究』一橋大学経済研究所 1988（昭和 63）年 39 巻 4 号（表 1-13）p.345

明治期における盆栽趣味の萌芽
―図書資料の検討から―

まとめ

　第 1 章「明治期における盆栽趣味の萌芽―図書資料の検討から―」では、国立国会図書館の図書資料から、明治期の盆栽の読み方の変化を確認し、盆栽の記載のある 111 冊を 12 分野に分類した。そして「盆栽」の語がどのような範囲に使用されているか、植物の種類や記述について確認を行った。

　まず、明治前期には複数の図書で盆栽と書いて「はちうゑ」「ボンサイ」の読みが併記されている。文人・煎茶趣味としての「盆栽（ボンサイ）」読みは、明治中期に栽培趣味として独立して流行するようになると、一般的にも「盆栽（はちうゑ）」と「盆栽（ボンサイ）」は別の分野として理解されるようになる。そして「盆栽（はちうゑ）」は「鉢植え（はちうえ）」の表記に変化し、園芸としての広がりをみせた。

　また明治期に栽培書が多く発行されるが、「盆栽（ボンサイ）」は文人の趣を表す樹種を範囲として栽培方法・飾り方の工夫が示され、一方で「鉢植え」は花卉・観葉植物を含み、輸入植物（温室栽培）も取り入れ品種を多様化させることで、栽培趣味として広く親しまれた。

　盆栽趣味が広がる背景としては、①文人・煎茶趣味の流行、②「盆栽」に「はちうゑ」と「ボンサイ」の読みが併用される過渡期の存在、③武士の職の転向と植木職人の交流による栽培技術の公開、④盆栽園の開園と販売普及活動、⑤京阪の文人植木と東京の「盆栽（はちうゑ）」の合流、⑥京阪と東京の図書・雑誌の出版、⑦木版画・銅版画・写真による記録の試み、⑧価格高騰による農産物としての盆栽の生産増、⑨山取りや生産・販売・陳列を可能とする運搬・流通網の発展、⑩席飾りから陳列会への試み、⑪盆栽が博覧会の人気の陳列になったこと、⑫盆栽と美術の接点を探ったこと、などが要因と考えられる。

　明治期に盆栽の用語を使用した人々の趣味と階層、地域性、植物樹種への関心が、複数の構成要素として交差したことによって盆栽の価値が変化し、創出が起こった。政財界や新興産業にかかわる人々が盆栽趣味を紳士録に記載するなど、ステータスとしても共有されたことで、多くの図書資料に盆栽の表記がみられた。明治期の盆栽図書は、近代の盆栽の定義や樹種の変化、流行の変遷を記録している。

---- 第2章 ----

昭和初期の盆栽趣味の諸相

―『趣味大観』（1935）にみられる自然栽培趣味の記述から―

1 はじめに

1-1 盆栽をめぐる社会状況と再考の必要性

　本章は、1935（昭和10）年発行の鶴橋泰二（編）『趣味大観』「現代趣味家総覧」にみられる自然栽培（縮景）[1] 趣味の記述、特に盆栽趣味について考察しながら、昭和初期の趣味家[2]の間で文化愛好者の関係性がどのように成立したのかを明らかにするものである。そして、大正末期から昭和初期にかけて、自然栽培（縮景）趣味が需要層を形成し、美術（展覧会）の芽生えにつながった状況も合わせて考察する。

　盆栽研究で知られる岩佐亮二によると、「盆栽」は「鉢やその他の器物に樹や草を植え、時に石を添えるなどして全体を整え、それが対者に自然の景観から受ける豪荘・可憐・繊細・佳麗などの感興を想起させるもの」[3]であり、「景観に接して感ずる美的な心象を生育可能な状態で器物の中に表現するという創作活動、すなわち芸術性の有無こそ、『盆栽』と『鉢植』との分岐点である」[4]という。

　同研究によれば、盆栽概念の定着は「明治20年頃（1890頃）社会の一部に発端し、先達の並々ならぬ啓発活動により、約40年間を要して、大正末年頃（1925頃）に至り、ようやく社会通念に昇華した。したがって、最も厳密狭義に『盆栽』を定義づければ、その源流は明治20年頃で行き止まる」[5]という。このことを踏まえ、本章では盆栽概念の定着をみた、大正末期から昭和初期の状況を確認することとする。

　筆者は日本画、美術教育の範囲を研究対象とする。今日、図画工作科や美術科の学習指導要領には「生活文化」「美術文化」の文言が入り、美術の教科書にも風呂敷や和菓子、そして盆栽が生活文化の例として掲載されている。近代化の過程で、文人趣味が流行し、「大衆性（俗）」「東洋的であること（亜）」ゆえに一旦 "芸術教育" から切り離された生活（美術）文化にかかわる内容が、現代の学校教育に取り込まれることになった。学校外教育に位置付けられていた生活（美術）文化の領域が今改めて着目されていると考えることができる。例えば歌川光一は、近代の「音楽のた

※　本稿中の引用箇所の漢字表記は概ね新字体に改めた。

1　自然栽培は園芸を含む大きな範囲を示すが、縮景は「盆栽」「日本式庭園」「水石」など、自然を縮小して身近に引き寄せる分野を示す。本論では「石」の鑑賞も含まれるため、自然栽培に入らない範囲として「縮景」と表記した。

2　本稿で表記する「趣味家」は『趣味大観』に使用される用語から、比較的規模の大きいもの。また「愛好家」「アマチュア」は、同書記述に多用されている表記で、規模が比較的小さいもののこと。一方で「愛好者」の表記は「趣味家」の現代の言い方として、さらに現代の盆栽用語として一般化している「文人趣味」「南画趣味」はテイストを表す語として、「盆栽趣味」はホビーの意として使用している。

3　岩佐亮二「考証盆栽史大綱―社会事象としての盆栽―」『千葉大学園芸学部特別報告』13号 pp. 1-156、1975、のちに岩佐亮二『盆栽文化史』八坂書房1976年として出版される。本引用は後者 p.1

4　同上書 p.1

5　同上書 p.1

しなみ」を研究する過程で、この研究領域が死角となっていることを指摘し、「教育史は近代公教育の成立に、芸能史は前近代の展開に、芸術史はプロの手による西洋文化の受容に、その関心を寄せがちである」[6] とした。近代の趣味、生活（美術）文化は、学校外の教習、趣味のネットワーク等の研究によって明らかにできると考える。

　本章は『趣味大観』「趣味道に関する文献（第 1 部）」における趣味の構成を確認した上で、中心となる「現代趣味家総覧（第 2 部）」に紹介された記載内容を参考に、「造園」「盆栽」「盆石」、近接領域として「園芸」「山草」「植木」「石の蒐集」「森林写真蒐集」「自然」「野菜栽培」に着目し、昭和初期における自然栽培（縮景）趣味の状況を捉え、文人趣味の流行から美術への過渡期の価値観の移り変わりを考察する。

1-2　盆栽史をめぐる先行研究

　明治、大正、昭和初期の盆栽研究に関しては、当時発行された著書、盆栽専門・農業雑誌、同好会会誌、通信教育資料、博覧会・陳列会・品評会・展覧会等の記録、売立目録、通信販売目録、記念帖などから確認することができる。明治初期は幕末期の書物が継続的に読まれたが、『法然上人絵伝』『春日権現験記』『徒然草』に、盆栽につながる鑑賞がなされている表現があることを指摘した横井時冬「盆栽考」1892（明治 25）年（『日本園芸会雑誌』36 号、のち『芸窓襍載』(1904 明治書院) 収載)、盆栽は美術であるとして開いた美術盆栽大会の記録である田口松旭『美術盆栽図』1892（明治 25）年など、歴史的な位置づけを確認し、飾り方の新解釈、栽培方法の工夫、流行樹種の紹介、美学的な考察を加えた内容まで含む、新しい試みの著書[7]が出版された。

　大正期になると新聞・出版界出身の編集者や主筆、昭和期になると趣味家自身、そして盆栽園主による出版が多くなる。本論で確認した昭和初期資料には、『盆栽』を主宰した小林憲雄や『東洋園芸界』主筆の金井紫雲、趣味家、波多野承五郎『古渓随筆』(1926 実業之日本社)、住田正雄『盆栽道』(1931 博文館)、澤田牛麿（編）『盆栽芸術』(1934 成美堂書店)、清水長郷『盆栽読本』(1937 博文館)、能勢萬『樹石』(1943 大雅堂) などがある。

　戦後、盆栽趣味は大衆文化として広がり、技術書の需要が高まったが、盆栽誌の別号として、往時（戦前）を振り返る盆栽園主の座談会や、盆栽通史をまとめた論考が発表されている。通史には明治から昭和期に発行された盆栽雑誌『東洋園芸界』『華』『盆栽雅報』『盆栽』などの記事を再掲載し、論拠とするものが多い。

6　歌川光一『女子のたしなみと日本近代—音楽文化にみる「趣味」の受容—』勁草書房、はしがき p. iii、2019 年

7　大正期までベストセラーとなる中島信義『盆栽仕立秘法：草木実験』博文館1902 年、木部米吉（苦香園米翁）『盆栽培養法』三銀水石園 1903 年、自然主義の影響を受けた無待庵主人（木曾庄七）編『盆栽瓶花 盆栽陳列 聚楽会図録（上下）』1903 年、流行を踏まえて盆栽を科学的に示そうとする開原享『樹木盆栽論』1910 年などがある。

8 皇室の美術工芸資料から盆栽文化と美術の関係を考察した大熊敏之「序説：日本近代美術のなかの書と生花，盆栽」『三の丸尚蔵館年報・紀要』5号 pp. 71-80、1998、続編として「序説：日本近代美術のなかの書と生花、盆栽（2）」『三の丸尚蔵館年報・紀要』6号 pp. 82-91、1999、「序説 日本近代美術のなかの書と生花、盆栽（3）」『三の丸尚蔵館年報・紀要』7号 pp. 63-72、2000、郷土史の観点から江戸の植木屋の実態を明らかにした、平野恵『十九世紀日本の園芸文化―江戸と東京、植木屋の周辺―』思文閣出版 2006年、近代の盆栽の登場人物のエピソードを具体的に網羅した依田徹『盆栽の誕生』大修館書店 2014年などがある。大熊・平野・依田は「さいたま市大宮盆栽美術館」の設立や運営にかかわる。

学術的には 1988（昭和 63）年から 2005（平成 17）年まで、日本大学生物資源科学部を本部とする盆栽学会があった。冒頭に引用の岩佐亮二『盆栽文化史』（1976 八坂書房）、副会長を務めた丸島秀夫による『日本盆栽盆石史考』（1982 講談社）、『日本愛石史』（1992 石乃美社）など、盆栽や水石の歴史的変遷のとりまとめを行った。そして、2010（平成 22）年に公立の「さいたま市大宮盆栽美術館」が開設されたことで、盆栽と美術を探る動き[8]も盛んで、各企画を通したインバウンド需要・輸出増もあり、世間の盆栽への関心は続いている。

　拙著『藝術と環境のねじれ―日本画の景色観としての盆景性』（2013 アサヒビール／清水弘文堂書房）で日本画の景色制作と美術文化の考察を進め、絵に描かれた日本画の景色に着目し、近代に山水画と風景画のねじれとしての盆景（盆栽）性が出現したことを指摘した。また盆景（盆栽）文化と学校教育や庭園、植木鉢等の、文化的関係性について考察している。

2 『趣味大観』

2-1 『趣味大観』「現代趣味家総覧」

　『趣味大観』（趣味の人社）は鶴橋泰二によって 1935（昭和 10）年に編集・発行されたものである。同書は人名録や人士録のひとつで、「趣味」を基軸にして、全国的に集めた人物の情報を配列しまとめている。氏名の他に、雅号・代表的趣味・爵位・住所・電話番号・出生・経歴・職業・所属・家族構成などの基本情報を網羅している。1322 頁、定価は 35 円であり、当時としては高額で大がかりな出版であった。被掲載者は複数の趣味をあげ、主なものは取材に基づいて、始めた経緯や影響を受けた人物、所属会、逸話なども褒め称える論調で紹介され、同書の記述には愛好家を示す「アマチュア」の語も多く使用される。いずれも人士であるならば、高尚な趣味に参加するべきことを是とした上で、どのような趣味の視点を持つのか、社会参加の度合いや成果の有無も含めた内容となっている。本書によると、取材対象者を選定する協力者 9 名、編集には社の 14 名の氏名が記録され、調査編集発行に 2 年の月日を要したとある。鶴橋は東京日日通信社編として『現代音楽大観』（1927 日本名鑑協会）を先に刊行し[9]、その続編として本書を企画している。

　趣味について鶴橋は 1935（昭和 10）年 12 月付で、「趣味とは何ぞや。趣味とは、一個の人間が事物の『趣』を味ふ力である。趣味は飽くまで主觀的であり、變化性を有してゐる。趣味は良心

9 周東美材「書物のなかの令嬢『趣味大観』にみる昭和初期東京における音楽」『東京音楽大学研究紀要』35集 pp. 57-78、2011

に相似て一種の心身の活動であるから、能力ではない。而して趣味の含有する要素は直觀・判斷・實行の三が共在してゐるのである。實行を省いても趣味の目的を把握し得らることは言を俟つまでもない」[10] と含意を示した。

内容は3部構成で、最初にまず「趣味道に関する文献（第1部）」、目次に沿って第1編「音楽」に関するもの168頁分、第2編「美術」に関するもの46頁分、第3編「教養」に関するもの80頁分、第4編「スポーツ」に関するもの73頁分、第5編「栽培飼育」に関するもの40頁分、第6編「蒐集」に関するもの45頁分、合わせて452頁を趣味の説明に使っている。次に「現代趣味家総覧（第2部）」は、新たに目次を立て、本書の中心部分682頁分を使用して幕末期から大正期生まれの1,135名の趣味を記載する。そして「現代代表令嬢総覧（第3部）」として、新たな目次で188頁分、346人の令嬢の紹介をする。

資料としての『趣味大観』の概要と、令嬢の趣味「現代代表令嬢総覧」のうち音楽に着目した論考は、周東美材（2011）[11] が既に明らかにしている。また渡辺裕「趣味・娯楽―民衆文化再編への胎動」[12] は、「西洋における『市民階級』の誕生に伴う『家庭』に関わる一群のイデオロギーの成立の日本版」であると指摘し、『趣味大観』を当時の「『趣味』の世界を最も象徴的な形で示している」と位置づけを示す。

2-2 自然栽培（縮景）趣味の範囲

(1)「趣味道に関する文献」による趣味の分類

「趣味道に関する文献」は表2-1のように6編構成となっており、領域名をつけるならば、第1編「音楽」、第2編「美術」、第3編「教養」、第4編「スポーツ」、第5編「栽培飼育」、第6編「蒐集」になる。ここにはそれぞれの趣味の起源や変遷、沿革がまとめられている。流派や会の特性、現状について解説されているものもあり、1935（昭和10）年当時の趣味の分類を知る上で、参考となるものである。

この分類に従い、本論では第5編のうち「盆栽」「盆石」に着目するが、隣接領域である「造園」「園芸」についても考察を進める。飼育を外し、栽培を対象に、これらをまとめて自然栽培（縮景）趣味とした。「花道」[13] は植物を扱うものの、土から切り離されていること、また第3編に収載されていることから、概要を注に付記することのみに留める。

本論で扱う自然栽培（縮景）分野のうち代表的趣味に表記されるのは「盆栽」「盆景」「盆石」「豆盆栽」である。[14] また「皐月」

10　鶴橋泰二（編）『趣味大観』趣味の人社 1935年「緒言」より引用。

11　前掲、周東（2011）

12　渡辺裕「趣味・娯楽―民衆文化再編成への胎動」鷲田清一（編）『大正＝歴史の踊り場とは何か　現代の起点を探る』講談社 2018年

13　花道は「趣味道に関する文献」によると、挿花として、「立華」「生花」「投入」「盛花」に分類され、いずれも花法に従って花形を調べること、悟ることとされる。盛花は「新興花芸の一種で花器は平型水盤を用いて花卉・草木を盛るように挿した生け方」で、「明治三十年頃にこの花芸が関西地方において行はれ、昭和時代となって猛烈な勢ひを以て全国的に流行を見た」とされる。形式は2種あり、「一は色彩本位の花形」と「景色花」があるが、試作が続いており、貫流する基本花形は無いという。また投入は、花器その他の器に自由に花卉草木を投入れて美の極致を表現しようと努めた挿し花すべてとし、明治中期以降生花の傍系として、茶人の茶花ととなえて明治末期以降家元が続出し、1935（昭和10）年当時には花芸の一部門となったものであるという。趣味家の中には園芸や盆栽、高山植物を合わせて趣味としている者も確認できる。特に高山植物は茶花のつながりで、趣味としての近似性がある。

14　度々趣味として登場する「硯の蒐集」は文人の文房四宝につながる要素があるが、第2編「書道」に分類されていることもあり対象から外してある。趣味の記述に盆栽と合わせるものとして能楽各流派、南画が多く登場するが、これも第1編の能楽、第2編の絵画に分類されるものである。第1編は「音楽」、第2編は「美術」領域であるので、表現や鑑賞に関する内容を含む

「山草」は盆栽の一品種、あるいは下草として合わせて飾るもの
であるが、「趣味道に関する文献」では、園芸の領域に分類さ
れている。そのため本論では「園芸」分野、「盆栽」に近接する
「造園」「植木」「石の蒐集」「森林写真蒐集」「自然」「野菜栽培」
も含めて確認する。

表 2-1 「趣味の分類」

領　　　域	分　　　　　野
第1編（音楽）	日本音楽、雅楽、声明、能楽、尺八、箏曲、一絃琴・八雲琴・二絃琴、吉備楽、琵琶、義太夫節、河東節、一中節、豊後節の系統と趨勢、常磐津節、新内節、薗八節・繁太夫節、富本節、清元節、荻江節、説教節、長唄、囃子方、小唄、歌澤節、民謡、演歌、舞踊、西洋音楽、我国に於ける西洋音楽の発達
第2編（美術）	陶磁器、彫刻、鎌倉彫、篆刻、印譜、絵画、書道、仏像、漆器、蒔絵
第3編（教養）	茶道、花道、歌道、俳句、日本文学、日本美術、日本建築、銅器、川柳、漢詩、囲碁、将棋、酒、煙草、演劇、歌舞伎、舞台、映画（無声）、トーキー、社交ダンス、料理、手芸、蓄音器、写真、撞球、麻雀、小型映画、手品、魔術、卓球、西洋舞踊、レコード
第4編（スポーツ）	剣道、刀剣、柔道、弓術、矢、相撲、馬術、競馬、庭球、野球、狩猟、釣、網、登山、ゴルフ、陸上競技、拳闘、レスリング、蹴球、籠球、ホッケー、スキー、スケート、水泳、ヨット、ボート、モーターボート、スカル、自転車、飛行機、自動車、オートバイ、ハイキング、追分節、浪花節
第5編（栽培飼育）	造園、盆栽、盆石、園芸、犬、猫、狸、猿、蛙、雞、伝書鳩、鶯、繍眼児（めじろ）、雲雀、鶉、金魚
第6編（蒐集）	古銭、紙幣、藩札、富札、千社札、絲印、印、郵便切手、印紙、色紙、短冊、古鏡、匂玉、矢立、郷土芸術、郷土玩具、仮面、人形、雛人形、※鈴、紙鳶、香道、杯、徳利、暦、煙管、扇子、※鈴、きれぢ、槍、絵馬、ボスター、番付、商品券、ペン

表は「趣味道に関する文献」の目次に出てくる分野を一覧にした。各編の括弧内の記述、囲み、※は筆者による。
※第6編の「鈴」は実際に2回出てくるが、それぞれ違う内容で沿革が記述されている。

（2）氏名上部に記された趣味の記載について

15 「現代趣味家総覧」の氏名
の上に記される代表的な趣
味1〜2種類を抽出したた
め、本文中に含まれる自然
栽培趣味の記述全ては、こ
こからは把握できない。実
際には、代表的趣味以外に、
本文中に盆栽趣味、園芸趣
味の記述する例は多い。「全
体の8.2％」以外にも趣味
とするものが多くいる。

　『趣味大観』「趣味道に関する文献」にまとめられている趣味
の分類と、「現代趣味家総覧」の氏名の右肩に記される代表的
な趣味1〜2種類の語句が示す分類とが合致しない場合がある。
1,135名の趣味のうち、第5編「栽培飼育」に分類できると考え
られるものを全て抜き出してまとめたものが表 2-2 である。自然
栽培（縮景）を代表的趣味に1つ以上あげる者は、1,135名中93
名、全体の約8.2％[15]である。

表 2-2　「氏名右肩に記載されている趣味」

	合計人数	分　　　野（人数）
（a）	39 名	園芸 27、蘭 5、菊 2、菊の栽培 1、洋蘭 1、朝顔 1、花卉 1、メロン 1
（b）	24（※25）名	※盆栽 15、※皐月 5、盆景 2、盆石 2、豆盆栽 1
（c）	12 名	造園 8、庭園 3、庭造 1
（d）	8 名	山草 2、高山植物 2、山の植物 1、野外植物 1、鳥類・植物 1、動植物採集 1
（e）	3 名	植木 2、植木の研究 1
（f）	2 名	石の蒐集 1、化石採集 1
（g）	2 名	森林写真蒐集 1、高山植物・植物に関する古書の蒐集 1
（h）	2 名	自然 1、自然礼賛 1
（i）	1 名	野菜栽培 1
合計	93（※94）名	31 分野

※「現代趣味家総覧」1,135 名中 93 名が自然栽培（縮景）に関する内容を代表的趣味として示している。うち
　2 名は栽培趣味を 2 種類あげており、「盆栽」「園芸」をあげる者は（b）で「盆栽」で集計した。もう 1 名は
　「皐月」「盆栽」をあげているため（b）で括弧内に 2 つ目を数えた。盆栽趣味は延べ 25 名、自然栽培（縮景）
　趣味は延べ 94 名となる。

3　盆栽趣味家

3-1　盆栽趣味家のプロフィール

　本節では「現代趣味家総覧」に掲載される 1,135 名のうち、自然栽培（縮景）趣味を掲げる 93 名（8.2%）に焦点をあて、掲載情報と具体的な活動例やエピソードなど、複数行にわたる記述を参照し表 2-3〜2-11 にまとめて資料とし、次節 3-2 では職業、住所、他の趣味の種類、規模を比較する。本書中の説明が具体的でないもの、誇大に書かれていると筆者が判断したもの、装飾的な語句などは略した。また掲載される 1,135 名のうち、自然栽培（縮景）趣味を氏名右肩に明記する 93 名以外に、園芸や盆栽を趣味とする者は多い。そのため実際の愛好者比率は 8.2% よりも多い。逆に代表的な趣味としながら具体的記載のない者もいる。

16　原文中の表記には「ダリヤ」「ダリア」が併用されていたが、本稿ではダリアに統一して表記した。

表 2-3 （a）園芸（蘭、菊、菊の栽培、洋蘭、朝顔、花卉、メロン）分野

（以下、表中では「東京市」は略記した）

No.	頁	氏　名	職・爵位	住所	趣味	品種・数	経緯・所属会・規模・備考
1	10	清水福太郎	能楽家	麹町区	能楽 園芸	詳細の記述なし。	詳細の記述なし。観世流松風会。
2	22	丹治経三	会社取締役 （監査役）	中野区	能楽 園芸	薔薇、シネダリア[16]、桜草、牡丹（30余種）、皐月（40余種）	詳細の記述なし。
3	26	戸田康保	子爵	品川区	能楽 園芸	桜草、福寿草、洋蘭	東京帝大理科植物学科卒業、植物学研究のため欧米各国を遊学、昭和4年、宮内省内匠寮嘱託で南洋ジャワにて熱帯植物の研究。昭楽会、愛蘭会、花卉同好会の各会員。
4	31	高羽達太郎	能楽家	神奈川県 高座郡	能楽 園芸	苺、メロン、菊、一年草	学生時代は慶応観世会、観世流鐵仙会、櫻織会会員。栽培は専門家の域に達する。
5	86	田中隆吉	会社取締役 （都市開発）	四ツ谷区	園芸 書道	甘藷（さつまいも）、大根、樹木、盆栽	武蔵野電鉄沿線練馬村に城南田園住宅組合を結成し、約600坪の土地を利用。
6	110	金井重雄	弁護士 （その他）	淀橋区	園芸 浮世絵	菊（20有余年亘る）、秋季の日比谷公園菊花大会に後援と出品	東京重陽会理事、会報に「菊と日本人」「菊の歴史」等の発表。
7	160	近藤三男	挿絵画家	荒川区	園芸 旅行	朝顔（150鉢）、菊（小菊）、牡丹（30余鉢）、水蓮（10鉢）	根岸の朝顔の会に入り例年7～8月の日比谷公園の品評会に10鉢を出品、数度入賞。牡丹は5、6年前より始め、関西、新潟より苗木を取り寄せている。
8	208	岡野昇	工学博士、官僚	王子区	能楽 園芸	菊（7～80鉢）	令息の皐月栽培に刺激され、菊の栽培を創めて5、6年。
9	215	濱崎定吉	経済界	大阪市 東区	能楽 園芸	詳細の記述なし。	詳細の記述なし。（本書上梓の前に他界）
10	221	花岡敏夫	法曹界	中野区	運動 園芸	ダリア、盆栽	詳細の記述なし。
11	233	辻順治	軍楽界	東京府 南多摩郡	音楽 園芸	詳細の記述なし。	詳細の記述なし。
12	238	林邊賢一郎	実業界	世田谷区	園芸	蘭（100種余）	温室葡萄園経営、震災を機に現地に住居を建てて蘭の栽培を創める。知人の紹介で、愛蘭会会員。千葉のガス工場の地熱で温室をつくっている。
13	284	下出義雄	実業界	名古屋市 中区	スポーツ 園芸	林檎、栗	木曾福島に15町歩の規模で、林檎園や栗の植付を行う。
14	290	池田成功	実業家	神奈川県 大磯町	園芸	メロン、葡萄、胡瓜（60坪）、洋蘭、観葉植物、一般特殊花卉、薔薇、カーネーション、葡萄、ネクタリン、促成花卉、蔬菜など	池田農園を株式組織化し、温室800坪と、茅ケ崎分園（敷地1万坪うち温室1,500坪）を経営。のち、資本金20万円で日本園芸株式会社を設立。英米各国に園芸視察のため巡遊する。
15	294	池田勇八	彫刻家	滝野川区	愛犬 園芸	果樹、草花作り	神奈川県辻堂にて。
16	378	井村英次郎	医学博士 （その他）	渋谷区	小鳥 園芸	草花の栽培、灌木、柿、栗、梨等の果樹・庭樹	昭和3年から小金井600坪の地所において。
17	383	石井三九郎	旧家 （大地主）	品川区	園芸 旅行	菊、朝顔、茄子、胡瓜、唐黎、落花生、苺、薩摩芋	庭の一隅と、千葉県船橋町の所有地にて。
18	385	西本辰之助	法曹界 （法学博士）	品川区	園芸 読書	ダリア、テナリウム、菊、朝顔、皐月（1,000余鉢）、万年青（数100鉢）	皐月は17、8年前、万年青は5年来。

No.	頁	氏　名	職・爵位	住　所	趣味	品種・数	経緯・所属会・規模・備考
19	423	尾形次郎	工学博士	麻布区	囲碁 園芸	菊造り、一年洋草の栽培	湘南鎌倉の別荘にて。
20	424	水野智彦	会社取締役	名古屋市中区	ゴルフ 園芸	カーネーション、薔薇	昭和3年より温室栽培。
21	432	福井松雄	理学博士	神奈川県鎌倉町	園芸 野球	野菜、果実の栽培	1,000坪の庭園で成果をあげている。肥料を研究し「促肥素」を発明。
22	442	土岐章	子爵	渋谷区	スポーツ 園芸	詳細の記述なし。	東京帝大理科、千葉高等園芸学校を卒業。
23	478	熊谷孝章	経営者	滝野川区	園芸 ゴルフ	薔薇、草花、果実、メロン、チューリップ	帝国薔薇協会の会員。自宅の空地8坪で、草花、果実の栽培、温室もある。ブラザーガーデンの田中氏の手による24株のメロンを栽培し、全て収穫できた。
24	505	中田喜八郎	木材輸入商	京橋区	犬 園芸	朝顔栽培	靈岸町内の展覧会に朝顔「翁の友」を出品。
25	510	三好三也	製皮事業	世田谷区	能楽 園芸	薔薇の栽培鑑賞	高価なものは余り好まず、専ら強い木のもの。
26	517	野口秀	政治家	品川区	園芸 小唄	詳細の記述なし。	埼玉県高野村に農園「北秀園」を経営、のち大井町農園を委託経営。大正9年から欧米を巡遊、帰国後大日本園芸組合を設立、会長を8年、現在は相談役。日本ダリア協会、趣味の生物会副会長、愛蘭会会員、高級園芸市場理事、洋菊の会、マスクメロン協会副会長。
27	642	髙橋門兵衛	資産家	渋谷区	篆刻 園芸	庭園作り、紅葉、朝顔	「入谷の朝顔」へ未明時に車で出かけ、鑑賞しては、その都度購入する。
28	217	小川百章	工業薬品塗料商	淀橋区	蘭 大弓	菊、東洋蘭	蘭惠同心会会員。
29	339	福原信義	実業界	品川区	蘭 ゴルフ	万年青、ゼネコール・ダリア、蘭（7〜800鉢）	18、9歳の頃は万年青、24、5歳頃にゼネコール・ダリア。藤山雷太の後援を得て10万円の資本金で多摩川にフロリスト株式会社を設立、重役になるが、のちに閉鎖。資生堂花部を設け、石山顯作の指導を受け主任となるが1年で閉鎖。三越花部の加藤の教えで、蘭の栽培。蘭の大家、柴田常吉から7〜800鉢を譲り受け、伏見宮家の蘭係大竹の指導を受ける。愛蘭会会員。前年まで日本ダリヤ会専任幹事。
30	496	加賀千代子	主婦	京都府乙訓郡	蘭 ゴルフ	洋蘭（数万株）、蘭（千数百種）	洋蘭の栽培は伏見宮家は別として、民間では最高権威と名高い。横浜植木会社の洋蘭を求め、夫と愛玩するうちに、研究するようになった。全国から同好者の参観が絶えない。門戸を開放し、研究者へ便宜を与える。
31	546	宮原英次	家元	浅草区	生花　蘭	盆栽、東洋蘭	無聲流生花盛花投入の家元。
32	574	朝倉文夫	彫塑家	下谷区	蘭 釣魚	東洋蘭（100余鉢）	梅の絵を得意とするが、蘭の絵を描くために5、6鉢を買い込み、写生をしている間に興味を覚え、百余鉢を一度に買い込んで鑑賞した。
33	153	坂本佐太郎	薬剤大佐（海軍省）	世田谷区	菊 尺八	菊（160〜300）	菊の栽培は大正11年より始め3年目から200鉢、多い季は300鉢、最近は160鉢をつくる。東京の会には出品せず、苗は清興園、槇麓園のもの。千秋会会員。
34	183	芳川寛治	伯爵、政治家	麻布区	菊 投網	菊	秋香会会長（父も明治20年頃に会長）。会の発展と普及に専念。

No.	頁	氏　名	職・爵位	住　所	趣　味	品種・数	経緯・所属会・規模・備考
35	254	幸田延子	ピアニスト	麹町区	**菊の栽培** 釣魚	詳細の記述なし。	兄は幸田露伴。
36	127	前田友助	医学博士	麹町区	銃猟 **洋蘭**	洋蘭（150鉢）	はじめて5年目。伏見宮家奉仕の大竹について技能の修習。
37	261	山田三郎	海軍軍人	品川区	**朝顔** 囲碁	朝顔（呉時代約1,000鉢→現在約100鉢）	少年時代は菊・種の手伝い。日露戦争の際、旅順で咲かせたのが朝顔の始まりで、競技会にも出品し、大輪、変わりものを栽培した。
38	42	大久保 作次郎	洋画家	淀橋区	**花卉**	薔薇（30余種）、水蓮	園芸は画の参考のため始めた。現在もその目的に変わりはないが漸次その栽培にも熱中し、目下は温室にて薔薇30余種を栽培。文部省美術展覧会第10回「庭の木陰」、大正12年槐樹社同人「庭」等
39	446	林川喜代士	経営者	神奈川県 鎌倉郡	**メロン** 犬	マスクメロン	松田農園を経て大船農園を主宰し、メロンの栽培をする。春秋二季の競技会で入賞。マスクメロン協会の会員。

表2-4　（b）盆栽（皐月、盆石、山草、豆盆栽、盆景）分野

No.	頁	氏　名	職・爵位	住　所	趣　味	品種・数	経緯・所属会・規模・備考
40	50	金成満	経営者	小石川区	**皐月** **盆栽**	菊（100鉢）、皐月（70種）	幼年時代より草花が好きで、現在は皐月の競技会に数度入賞。約70種を所持、逸品数種がある。菊も毎年約100鉢を栽培し大日本皐月同好会会員。
41	129	飯田勘一	官僚、 法律家	日本橋区	**盆栽** 骨董	皐月、蝦夷松、黒松、真柏、欅	大日本皐月同好会理事、帝国皐月同好会理事、震災前より始め、競技会出品、入賞10回の記録。
42	191	佐藤省吾	彫刻	本郷区	**盆栽** 写真	植木、盆栽、蘭（数10鉢）	庭にあまり高価ではない樹木を植え、盆栽の含蓄を有し、蘭を集める。
43	258	櫻井與助	経営者	横浜市 中区	らんちゅう **盆栽**	詳細の記述なし。	詳細の記述なし。
44	268	頼母木桂吉	政治家	浅草区	**盆栽** 南画	蝦夷松（1万鉢余）、五葉松（5〜600鉢）、錦松（500鉢位）、仏手柑（600鉢余）、真柏（6〜70鉢）、紅葉（70鉢）	盆栽趣味は故大隈侯爵の影響で、幾鉢か譲り受けるうち、侯爵の亡くなる5年前には200余株を所有。千島方面の蝦夷松他多数所有、焼き物の蒐集も1,200〜1,300点、盆栽の鉢が不足するので、窯を設け、自ら鉢を焼く。
45	301	鈴木源蔵	鈴木楼当主	横浜市 中区	**盆栽** 能楽	欅、五葉松など、二百数十鉢、他に十数鉢の逸品	盆栽は6年前より始め、松柏より雑木を好む。翠香園藤崎萬吉及び明昇園篠崎藤太郎の指導により、最初から高価なものを買った。内田正一と横浜盆栽会を創立、副会長になる。
46	366	内田正一	地主	横浜市 中区	**盆栽** 弓道	盆栽40鉢	横浜盆栽会会長（5年前に創立）、大正10年頃に始め昭和15年、昭和4年5月15日に9鉢を神奈川県便殿御座所に供え、神奈川県知事池田宏より感謝状。
47	402	井上篤太郎	事業家	渋谷区	刀剣 **盆栽**	庭には、松柏の類、雑木、草物、盆石。展覧会に出品する野梅、内裏梅、錦松、真柏	書は山陽、南画を好む。「私の盆栽などはホンの手慰み程度で、先年故伊東巳代治伯が、この四季櫻を是非にと所望され、その代りに僕の庭の盆栽中、君の気に入ったものをどれでも一品差上げると申されたが、イザとなると永年手塩にかけたものは中々手離されないものだ」

No.	頁	氏　名	職・爵位	住　所	趣　味	品種・数	経緯・所属会・規模・備考
48	440	澤田牛麿	官界	品川区	**盆栽** 絵画	盆栽 4、50 種類	盆栽について一書を著すべく日を送る。強い木づくりに努める。大隈侯の宅に出入りする源さんと呼ぶ植木屋から紅葉を買い入れ、14、5 年手入れをしている。「盆栽は天分と努力が一致するに非ざれば大成するものではない」
49	458	吉田秀彌	会社役員	小石川区	**盆栽** 書道	松柏を好み、所有は多数	盆栽は数十年来、多忙のため専門的に親しむ機会に恵まれない。書は頼山陽を愛す。
50	519	橋本圭三郎	官界、 実業界	淀橋区	**園芸** **盆栽**	園芸、盆栽、草花・花木、蘭、古木の鉢物	温室や設備は好まないので、自然的な栽培方法を採用している。
51	522	小島康利	育英事業	大森区	尺八 **盆栽**	百楠、覇王樹、羊歯、皐月などを 2,000 余鉢	置き場所に困る状態で、その一部を校庭に栽植する。
52	543	安藤俊三	実業界	名古屋市 中区	**盆栽**　新 画の蒐集	詳細の記述なし。	激務の余暇に始めて 10 年、自分で育てている。
53	553	小泉又次郎	政治家	淀橋区	小鳥 **盆栽**	詳細の記述なし。	素人の域を脱して素晴らしき手腕。
54	608	阿部舜吾	銀行員	大森区	らんちゅう **盆栽**	園芸、盆栽、植木（山つつじ）	趣味界の俊材。
55	25	松浪菊子	東都女流皐 月観賞家	小石川区	**皐月** 能楽	ダリア、皐月	東京よりダリアを取り寄せ、北海道で栽培、第一人者となる。その後皐月に転じ帝国皐月好友会正会員。毎年上野公園にて開催される会合で何度も賞を受ける。昭和 8 年 6 月同会主催による全国皐月品評会に出品した「松波」は一等賞をとる。
56	101	鯉沼源作	政治家	京橋区	**皐月** 骨董	皐月	20 余年前より皐月の栽培を行う。昭和 3 年、帝国皐月好友会への改名を提案、展覧会では優秀賞、最高名誉賞の常連。大日本同好会、東京市共同主催の全国皐月盆栽大会（日比谷公園）及び帝国好友会、東京市共同主催の全国皐月盆栽大会（上野公園）等で特別優等金盃を受領。普及に努めている。
57	187	福島豊次郎	不明	麹町区	**皐月** 将棋	盆栽、皐月（変化性に富んだ 7、8 種の花）、数種類の混合盆栽（数百鉢）	躑躅より皐月を好む。銘木、銘花をつくりだし、特別優等、優等賞を 7、8 回とる。大日本皐月同好会会長、無審査で優遇、研究に余念がない。大正 3〜6 年外遊。
58	399	藤屋藤七	写真台紙商	本所区	**皐月**	皐月（花から始まり古木を好む）	帝国皐月好友会幹事及び名誉会員。水天宮参詣の折、銘木松浪を買ったことに始まり、第一人者となった。昭和 8 年 6 月の帝国皐月好友会及び東京市主催で、銘木旭鶴は最高名誉賞を獲得、同時出品の新種銘木華宝は特別優秀賞を受ける。本会と毎回の花期大会には逸品を寄贈している。
59	444	古屋正平	製造業	神田区	**燐票** **盆景**	盆景	盆景松政流師範、号は八泰庵湘恒。日比谷公園で開催の日本盆景協会主催の品評会には賞状を受けることを常とする。
60	675	伊澤勝麿呂	財団理事長	小石川区	**盆景** ダンス	盆景、大菊花つくり、菊、園芸、薔薇、草花	神泉流盆景の修得、号は天明。日比谷公園陳列会に「義士の討入」を出品。大菊つくりは日比谷公園の陳列競技会に出品を欠かさない。日本画の号は勝泉。

No.	頁	氏　名	職・爵位	住　所	趣　味	品種・数	経緯・所属会・規模・備考
61	149	皷さと子	不明	台北市大平町	**盆石**長唄	園芸、花卉、菊、蘭、万年青、盆画、盆石、盆景	盆石は昭和5年頃より、細川流の盆画を始め桐村梅花師に師事。盆景は梅友会会員、号は梅里。立正大師600年忌の際は結城素明画伯筆の絵を主題に盆画と盆石とを出品した。
62	248	山尾酉子	不明	牛込区	**盆石**押絵	盆石、園芸	6年前に関西地方で見て、勝野博園、嗣子晴夫に就いて修業、号を宣石として細川流盆石三曜会幹事。四調会、精華会会員。
63	409	松平頼壽	伯爵	豊島区	能楽**豆盆栽**	豆盆栽の蒐集、100余年を経た古木や珍しいもの300余種	豆盆栽の蒐集に多年を傾け、珍しいものを多数所蔵、趣味人としての貫禄を示す。

表2-5　（c）造園（庭園、庭造）分野

No.	頁	氏　名	職・爵位	住　所	趣　味	品種・数	経緯・所属会・規模・備考
64	14	澤野順三郎	長唄、有名会創設者	兵庫県武庫郡	長唄造園	阪急沿線賣布に構えたる堂々たる邸宅	日本全国の名勝を型取って、奈良・宮島・近江八景等の風物を庭園に巧みに移植する。
65	48	鈴木紋次郎	実業界、工業界	芝区	建築造園	日本趣味、茶道の影響	高商時代に川合玉堂画伯宅に寄留、鑑賞眼を養成する。現今の時代性とともに移行する建築・造園の様式に不快感。
66	181	北㫈吉	大学教員、雑誌主幹	杉並区	釣魚造園	自宅の庭園	四十歳の頃自宅を新築してから趣味を持ち始め、自宅の庭園を設計する。
67	195	大越政虎	海軍、会社員	大森区	大衆文学造園	具体的な記述はなし。	グレイ卿の言葉「いかなる趣味にも遂には飽きが来る。ひとり造園にはそれがない、自然は無限だからである」と引用。
68	567	熊岡美彦	洋画家	豊島区	仏像造園	造園研究	地下室に造園の研究室を設ける。
69	598	長谷川利隆	真鍮業	芝区	造園自動車	真柏、松、蝦夷松を多数所持	造園に対する趣味は趣味中の代表、盆栽の知識も経験も広く深いが、転居により蒐集が困難に。
70	620	山崎清	実業界	大森区	義太夫造園	築庭、自然に立脚	築庭を好み、10年間に亘り一木一石を吟味して配置した。流派にはこだわらず、自然に立脚して完成させた。
71	636	田村剛	林学博士	麻布区	**造園**洋画	茶道に通じることから、理論に精通。経験も豊富。造園関連書の蒐集。	東京帝大林学部卒、大学院に学び、千葉高等園芸学校、東京帝大農学部、工学部講師。国立公園委員会委員、国立公園協会常務理事、日本庭園協会理事。学生時代は日曜日に山野を跋扈した。
72	62	小川清次郎	建築業	世田谷区	能楽**庭園**	自然樹木に愛着	純日本趣味の造園、建築家として造園に通ずる。
73	456	辻次作	洋装品の製造販売	荒川区	競馬**庭園**	店舗にある庭園	広くはないが、一木一石を配置した名園を成す。
74	470	菅原恒覧	鉄道界	淀橋区	**庭園**散策	3,000坪の庭園。別荘に樹木、池、奇石、噴水など。日本趣味。	庭園を鑑賞し、造園にもあたって、余生は造園三昧に過ごす。庭園学を研鑽し、数十年これを趣味としてきた。邸宅の庭園は一木一石の配置にも苦心してつくり、鎌倉山高砂にも2,400坪の別荘を所有。毎日5、6回この庭園を散策する。
75	81	小林萬吾	洋画家	赤坂区	能楽**庭造**	植木の手入れ	庭造りの趣味は京都の御所に於いて、橘の苗を拝領したことが動機となった。植木の手入れは自らの手で行う。

表 2-6 （d）山草（高山植物、山の植物、野外植物、鳥類・植物、動植物採集）分野

No.	頁	氏　名	職・爵位	住　所	趣　味	品種・数	経緯・所属会・規模・備考
76	362	岡田利兵衛	蔵元（銀行取締役他）	兵庫県川辺郡	小鳥山草	高山植物1万種類	詳細の記述なし。画像あり。
77	436	鈴木久三郎	金箔店	麻布区	山草小鳥	子どもの頃は朝顔、草花。今は山草の寄せ植え（培養20年以上が10数鉢）	山草の寄せ植え培養を25年。農夫を2人雇って山草を採集する。20年以上培養の寄せ植えも10数鉢ある。御大典記念の紅葉館の盆栽・寄せ植え品評会には多数出品。日本山草会幹事、東京山草会会員。
78	341	津田正厚	鐵商	兵庫県兵庫郡	高山植物茶道	高山植物500余種、外国種100余種	茶道の修業から茶花によって高山植物に対する趣味を誘発し、培養する。神戸山草会、大阪山草会会員。
79	426	細川壽一郎	東京農産商会蒲田農場	本郷区	高山植物写真	高山植物の採集・栽培、写真撮影、栽培は石楠花を始め数百種	農大林科卒、高山植物研究家。栽培し、撮影をする。中学時代から始め、平地では日常観察、山岳で採取する。高山植物に関する内外の書籍も蒐集。
80	665	邊見金三郎	記述なし	杉並区	高山野外植物	山野の草木、高山植物、野草、草花、蔬菜、いけ花における植物	いけ花の展覧会に批評をして花道界でエポックとなった。高山植物の培養研究が趣味、夏季に山へ行き、生育状態を確かめる。九州山脈、中国山脈、大和、鈴鹿連峰、北海道、千島列島まで、写真は500数十葉を超える。6、7歳から植物を愛好、父が盆栽趣味のため、9歳の頃には逸品を仕立てる。大正13年まで香港に8年滞在、住居の周辺に数十種の野草を栽え、現在に至る。を仕立てる。大正13年まで香港に8年滞在、住居の周辺に数十種の野草を栽え、現在に至る。
81	661	前田たつ子	静山流盛花投入家元	中野区	山の植物飼鳥	生花、高山植物	一月から一月半山で過ごし、高尾山、奥多摩、秩父連峰、アルプス、飛騨、穂高、等を踏破。
82	356	徳永秀三	会社経営	大阪市東淀川区	鳥類・植物　乗馬	梨・林檎・桃・金柑・橙など、実のなる植木	豊能郡秦野村の山腹に、1500坪余、数百種。数千羽の鳥の飼育、空き地に植木。
83	150	伊藤隼	成城中学博物学教諭	中野区	動植物採集絵葉書蒐集	絵葉書35,000葉、研究書数種、動植物の採集	教諭15年、武蔵野で動植物の研究、著書に「趣味の動物界」「動物三百六十五日」「性理三百六十五日」「警遵人間生活」等。澤柳校長より趣味の先生として招聘される。16歳から山登りを始め、日本の名山には殆ど登山。岸田先生と台湾の新高山、阿里山に登る準備中。東京山草会、趣味の生物の会。

表 2-7 （e）植木（植木の研究）分野

No.	頁	氏　名	職・爵位	住　所	趣　味	品種・数	経緯・所属会・規模・備考
84	151	橋本直一	製帽業、政治家	淀橋区	尺八植木	植木、盆栽、菊づくり	青年時代から興味があり、現在まで続く。自宅の600坪以上の植木の手入れを自ら鋏を取って行う。
85	668	駒嶺定七	染織業	世田谷区	釣魚植木	珍木の愛育・愛玩	明治神宮外苑にある「なんじゃもんじゃ」を樹実から20余年育てる。
86	222	汐見儀兵衛	化粧品商	日本橋区	書画　植木の研究	詳細の記述なし。	22、3歳の頃から植木の研究、種子及び草花の研究。

表 2-8 （f）石の蒐集（化石採集）分野

No.	頁	氏　名	職・爵位	住　所	趣　味	品種・数	経緯・所属会・規模・備考
87	85	熊崎健一郎	易学	大森区	狂歌 石の蒐集	具体的な記述はなし。	永久に変化せず、人力の及ばざる自然のままの姿なるにおいて専ら愛好している特殊趣味。
88	306	山田醇	建築	渋谷区	化石採集 刀剣	化石、岩石、古生物学	明治30年頃より45年まで、化石、岩石の採集、古生物学の研究を行った。各時代の地層がある秩父盆地生まれのため関心を示すようになった。

表 2-9 （g）森林写真蒐集（高山植物・植物に関する古書の蒐集）分野

No.	頁	氏　名	職・爵位	住　所	趣　味	品種・数	経緯・所属会・規模・備考
89	230	河田 杰（まさる）	官僚	目黒区	森林写真 蒐集	学術的な写真（植物の天然の状態、森林等の撮影）	東京帝大農科林学科を卒業、官界、営林局に入り、大正8、9年頃より写真を始め、森林写真を趣味とする。
90	449	村野時哉	実業界	名古屋市西区	高山植物・植物に関する古書の蒐集	植物園芸に関する古書（たばこに関する古書の紹介）、高山植物、高嶺女郎花	函館に勤務していた時、前田曙山の園芸文庫を参考に研修し、同好者と文通をして研究、函館近郊の植物から、駒ケ岳、蝦夷富士の植物採取を行った。明治38年に名古屋へ越し、培養を研究。大阪山草倶楽部会員、京都園芸倶楽部会員、名古屋博物館会員。

表 2-10 （h）自然（自然礼賛）分野

No.	頁	氏　名	職・爵位	住　所	趣　味	品種・数	経緯・所属会・規模・備考
91	97	高島平三郎	教育界	本郷区	自然 和歌	具体的な記述はなし。	具体的な記述はなし。
92	60	清水釘吉	建築界	神田区	自然礼賛	旅行、明媚なる風光や大自然の観賞	偉大なる大自然に対し、特殊の愛着を感じこれを賞賛する。

表 2-11 （i）野菜栽培分野

No.	頁	氏　名	職・爵位	住　所	趣　味	品種・数	経緯・所属会・規模・備考
93	246	橋本宇一	学界	神奈川県鎌倉町	スキー 野菜栽培	トマト、アスパラガス、セロリ等	昭和6年に渋谷から鎌倉に移住、450坪の敷地（うち80坪は畑）で栽培。

3-2　自然栽培（縮景）趣味家の分類

(1)　職業

　『趣味大観』「現代趣味家総覧」の自然栽培（縮景）趣味家93名の職業を分類すると表2-12の比率になる。明治期には政治家の愛好者が多かったが、昭和初期には、各実業界・会社経営者・商業・製造業を行うものが多い。『趣味大観』の販売層と考えることもできるが、需要層が政治家から実業界に広がっているとみることもできる。次に、芸術家・研究者・政治家・伝統芸能家・貴族・資産家と続いている。

表2-12　「自然盆栽（縮景）趣味家の職業」

	職　業	人　数	比　率
各実業界	実業界・実業家11、建築界2、官界・官僚4、教育界・学会4、法曹界（弁護士）3、経済界1、軍楽界1、鉄道界1	27名	29.0%
会　社	経営者5、会社取締役3、役員1、銀行員1	10名	10.8%
商　業	木材輸入商1、工業薬品塗料商1、写真台紙商1、鐵商1、化粧品商1、鈴木楼当主1、蔵元1、金箔店1、東京農産商会（蒲田農場）1	9名	9.7%
芸術家	彫刻家・彫塑家3、洋画家3、挿絵画家1、ピアニスト1、建築1	9名	9.7%
製造業	洋装品の製造販売1、製帽業（政治家）1、染織業1、真鍮業1、建築業1、製造業1、製皮事業（政治家）1	7名	7.5%
博　士	工学博士（官僚）1、工学博士1、理学博士1、林学博士1、医学博士2、薬剤大佐1	7名	7.5%
伝統芸能	能楽家2、家元3	5名	5.4%
貴　族	子爵2、伯爵1、伯爵（政治家）1	4名	4.3%
不　明	不明・記述なし4	4名	4.3%
資産家	旧家（大地主）1、資産家1、地主1	3名	3.2%
政治家	政治家3	3名	3.2%
軍　人	海軍軍人2	2名	2.1%
その他	財団理事長1、易学1、東都皐月観賞家1	3名	3.2%
合　計		93名	100%

(2)　住所

　1932（昭和7）年、東京市15区は隣接する5郡82村を合併して35区となり、1935（昭和10）年当時も同様である。東京市内は旧来の中心地域、新しく居住者の増えた地域に自然栽培（縮景）愛好者の居住がみられる。東京府以外は神奈川・愛知・大阪・京都・兵庫と何れも中心地であり、外地の居住者もいた（表2-13）。比率にして東京市内73名で78.5%、東京市外1名1.1%、東京府内合計79.6%、東京府以外関東圏が8.6%、関東圏外が11.8%である。

表 2-13 「自然栽培（縮景）趣味家の住所」

東京市	数	東京市	数	東京市外ほか	数
麴町区（千代田区）	4	品川区（品川区）	7	東京府南多摩郡	1
神田区（千代田区）	2	荏原区（品川区）	0	横浜市中区	3
日本橋区（中央区）	2	目黒区（目黒区）	1	神奈川県鎌倉町	2
京橋区（中央区）	2	大森区（大田区）	5	神奈川県鎌倉郡	1
芝区（港区）	2	蒲田区（大田区）	0	神奈川県大磯町	1
麻布区（港区）	4	世田谷区（世田谷区）	5	神奈川県高座郡	1
赤坂区（港区）	1	渋谷区（渋谷区）	5	名古屋市中区	3
四谷区（新宿区）	1	中野区（中野区）	4	名古屋市西区	1
牛込区（新宿区）	1	杉並区（杉並区）	2	大阪市東区	1
淀橋区（新宿区）	7	豊島区（豊島区）	2	大阪市東淀川区	1
小石川区（文京区）	4	滝野川区（北区）	2	京都府乙訓郡	1
本郷区（文京区）	3	王子区（北区）	1	兵庫県兵庫郡	1
下谷区（台東区）	1	荒川区（荒川区）	2	兵庫県武庫郡	1
浅草区（台東区）	2	板橋区（板橋区）	0	兵庫県川辺郡	1
本所区（墨田区）	1	板橋区（練馬区）	0	台北市大平町	1
向島区（墨田区）	0	足立区（足立区）	0		
深川区（江東区）	0	葛飾区（葛飾区）	0		
城東区（江東区）	0	江戸川区（江戸川区）	0	合　計	93

※括弧内は現在の区名。板橋区は 1947（昭和 22）年、練馬区と板橋区に分離している。

（3）2 つ目の趣味

　「現代趣味家総覧」に記された代表的な趣味に自然栽培（縮景）趣味の表記が 1 つ以上あり、2 つ目も自然栽培趣味を選択した者は 2 名、2 つ目の趣味の中で比率の高いものは「音楽」「教養」「スポーツ」であった（表 2-14）。趣味全体の中で「音楽」「教養」「スポーツ」は多いのか比較はできていないが、自然栽培趣味と合わせて、小鳥や金魚の飼育を行う者が多くみられた。このことから「栽培飼育」を複数選択した人は多いと考えられる。また南画・旅行・生花・茶道・能楽などの文人趣味や芸道とつながる趣味の記述は自然栽培（縮景）趣味との関係性の中で、紹介される例が多い。

（4）栽培の規模

　栽培の規模に関しては 10,000 鉢を超える者が「園芸」「盆栽」「山草」の領域で複数おり、業界全体を牽引する立場だったことを記述から読み取ることができる。鉢数ではなく保有する品種数や、栽培面積、栽培場所の表記で示す場合もあり、統一はされていない。自宅の庭におさまる範囲から、栽培地を新たに求めて移転する場合もあり、それぞれのかかわり方が記述に示されている（表 2-15）。

表 2-14 「自然栽培（縮景）趣味家の 2 つ目の趣味」

分　　類	分　　　野	人　数	比　率
第 1 編（音楽）	能楽 12、尺八 3、長唄 2、音楽 1、小唄 1、義太夫 1	20 名	21.5%
第 2 編（美術）	南画 1、絵画 1、押絵 1、仏像 1、洋画 1、篆刻 1、浮世絵 1	7 名	7.5%
第 3 編（教養）	写真 2、旅行 2、囲碁 2、骨董 2、書道 2、生化 1、茶道 1、建築 1、狂歌 1、和歌 1、大衆文学 1、読書 1、将棋 1	18 名	19.4%
第 4 編（スポーツ）	ゴルフ 4、釣魚 4、刀剣 2、スポーツ 2、運動 1、野球 1、ダンス 1、スキー 1、大弓 1、弓道 1、投網 1、銃猟 1、自動車 1、散策 1、競馬 1、乗馬 1	24 名	25.8%
第 5 編（栽培飼育）	2 つ目の趣味が盆栽 2、小鳥 3、犬 2、らんちゅう 2、飼鳥 1、鳥 1、愛犬 1	12 名	12.9%
第 6 編（蒐集）	新画の蒐集 1、絵葉書蒐集 1、燐票 1、書画 1	4 名	4.3%
その他	2 つ目の趣味の記述なし 8	8 名	8.6%
合　計		93 名	100%

表 2-15 「自然栽培（縮景）趣味の規模」

規　　模	(a)園芸	(b)盆栽	(c)造園	(d)山草	(e)植木	(f)石	(g)森林	(h)自然	(i)野菜	人数	比率
10,000～鉢（種）	1	1	0	2	0	0	0	0	0	4	4.3%
1,000～鉢（種）	2	1	0	0	0	0	0	0	0	3	3.2%
100～鉢（種）	6	4	0	1	0	0	0	0	0	11	11.8%
10～鉢（種）	3	3	0	0	0	0	0	0	0	6	6.5%
その他（面積）	4	0	0	0	1	0	0	0	1	6	6.5%
その他（場所）	3	0	6	5	0	0	0	0	0	14	15.0%
品種のみ（規模不明）	14	10	3	0	2	1	2	1	0	33	35.5%
具体的な記述なし	6	5	3	0	0	1	0	1	0	16	17.2%
合　計	39 名	24 名	12 名	8 名	3 名	2 名	2 名	2 名	1 名	93 名	100%

3-3　自然栽培のジャンルごとの特徴的な記述

　本節では 3-1 盆栽趣味家のプロフィールの一覧に示した趣味家のうち、それぞれに特徴的な記述について考察する。記述の中に趣味を始める経緯、所属する会などの表記がある場合は内容をまとめた。また趣味家の中で自然栽培（縮景）趣味についての発行著書がある場合はその著書を参考に記述の確認を行った。盆栽趣味家に関しては、同様に当時の盆栽史資料による記述との確認を可能な範囲で行った。

(a) 園芸（蘭、菊、菊の栽培、洋蘭、朝顔、花卉、メロン）（表 2-3）

　第 5 編の自然栽培趣味の中で、選択者が多いのは園芸分野である。「趣味道に関する文献」では、園芸の範囲を「農業の一部門に属し、果樹・蔬菜・花卉等の栽培或いは素人趣味の造園を

17　笹山三次『栽培と鑑賞東洋蘭』成美堂 1934 年によると、宋の時代から中国、その後日本で続く蘭は全てシンビジウム属（春蘭・建蘭等）であり、西洋で栽培されているものは（シンビジウムもあるが）、シプリペディウム・カトレア・ミルトニア・デンドロビウム等である。東洋蘭は葉の形も花の色や形も清楚で、西洋蘭は花の色彩の強いもの、形の大きく珍しいものが尊ばれるとある。また東洋蘭は、栽培の歴史は長く、文献も豊富で、分類すると春蘭・報歳蘭、大明蘭・金稜蘭・建蘭・寒蘭・寒風蘭・風蘭・石斛があるという。文人の

画題としてもシンビジウム
に属するものが、文人、南
画趣味を通じて積極的に描
かれた。

18 No.83 に掲載される伊藤隼
『郷土研究　東京の植物を
語る』文啓社書房 pp. 233-
249、1935 年によると、菊
は江戸時代に渡来し複数
回の流行期を迎え、明治
維新の頃には衰退したが、
1889（明治 22）年、中菊
を主とする「秋香会」が組
織され培養趣味の普及、改
良に努めた。中菊の栽培か
ら大菊の流行があり、1916、

写真 2-1　西洋蘭の手入れをする加賀

写真 2-2　熊谷の温室と栽培メロン

写真 2-3　林川栽培のメロン

もいふ」としている。また園芸の説明には、沿革の他に「朝顔」「菊」「皐月」「薔薇」「蘭」「サボテン」「櫻草」「萬年靑」「高山植物と山草」の記述があり、「皐月」「高山植物と山草」については、培養管理の具体的方法も加えている。

表 2-3 の No.1〜27 までの 27 名は園芸を代表的趣味とする。No. 28〜39 の 12 名は「蘭」「菊」「菊の栽培」「洋蘭」「朝顔」「花卉」「メロン」であり、園芸の範囲として合わせて数え、合計 39 名とした。趣味植物の区分には、江戸期に流行のあった桜草・牡丹・福寿草・朝顔・万年青・菊・皐月の栽培も園芸に含めており、園芸概念の広さを確認できる。また輸入された植物で広がりをみせた薔薇・シネダリア・洋蘭・カーネーション・ネクタリン・テラリウム・睡蓮・チューリップなどの品種、観葉植物もある。さらに苺・メロン・葡萄・柿・梨・林檎・栗などの果樹、甘藷・薩摩芋・大根・茄子・胡瓜・落花生などの蔬菜も含まれる。植木は主に庭木（紅葉など）で、家庭菜園も園芸に含まれている。

栽培場所は個人の場合、庭の一部や畑、輸入植物は温室などと規模も様々である。中には趣味の規模から入り、のちに委託経営や株式会社化により、農園や果樹園を事業として大規模に営む者も確認できる。栽培を始めたきっかけは家族の影響、近隣の住人の影響、旅行や海外での体験によるものもあり、購入先には、果樹園や園芸店、江戸以来の花木の販売地域からのもの、あるいは旅先で購入している例も認められる。各園芸種には愛好会が組織され、競技会や展示会に取り組む様子を確認できる。本文には、写真の掲載も稀にあり、蘭やメロンの温室栽培の様子は当時珍しかったのか、複数回掲載されている（写真 2-1〜2-3）。

蘭[17]は当時一般に東洋蘭のことで、別に洋蘭（西洋蘭）がある。蘭栽培の研究会としては、「愛蘭会」「蘭惠会」[18] の名前がみえる。伏見宮家[19]の蘭係大竹という記述も複数あり、伏見宮家では蘭栽培が有名になっていた。No.32 朝倉文夫は彫塑家として当時活躍したが、現在は美術館として公開されている自宅（朝倉文夫彫塑館）に、蘭栽培[20]の温室や鉢、屋上庭園をのこしている。

次に「朝顔」に関しては、1902（明治 35）年頃から 3 度目の流行[21]を迎え、「穠久会」が会員 1,000

人強、「一六会」「奇舜会」「東京朝顔研究会」などの会が組織された。愛好家の島津家に10,000鉢、野村家に1,500鉢などがあり、入谷には「百草園丸新」[22]「鈴木」「横山」など、約10軒の植木屋があった。ブームが去ると業者は明治末年には廃業し、「丸新」は上野公園不忍池湖畔に移転している。昭和期の朝顔は明治期の「変化咲」から「大輪咲」に転向する栽培家が増え、全国的に品評会が開かれるようになり、雑誌や研究書の発行が進んだ。

「菊」「菊の栽培」[23]に関して、会の名前としては東京「千秋会」と名古屋「秋香会」が記載され、「現代趣味家総覧」では、表2-3(a)のNo.33坂本を会員として、No.34芳川を会長として紹介している。またNo.6金井は、「東京重陽会」理事であり、「菊（二十有余年至る）、秋季の日比谷公園菊花大会に後援と出品」とある（写真2-4、2-5）。

(b) 盆栽（皐月、盆石、山草、豆盆栽、盆景）（表2-4）

「盆栽」に関しては、趣味に「盆栽」とあるもの15名、「皐月」5名、「盆景」2名、「盆石」2名、「豆盆栽」1名である。「盆栽」15名のうち、No.44頼母木は東京市長、逓信大臣を務めた盆栽家で、その栽培数も圧倒的に多い。本文の記載にも蝦夷松（10,000鉢）[26]、五葉松（5〜600鉢）、錦松（500鉢位）、仏手柑（600余鉢）、真柏（6〜70鉢）、紅葉（70鉢）とあり、合計すると代表的な6種のみで12,000鉢程度を確認できる。業者の座談会でも豪放磊落な買い方が語り継がれており[27]、地植えの蝦夷松を一畝まとめて購入、業者の持ち込むものを次々と購入するようになり、蝦夷松盆栽興隆の礎となったことが記録されている。盆栽園を経営する加藤三郎の父（加藤留吉）の話では、国後島の蝦夷松採取業者を介して直接買うこともあり、大小合わせて10,000鉢あるという。この証言は『趣味大観』の記述10,000鉢とも一致

7（大正5、6）年頃に、大菊の「千秋会」「重陽会」、小菊に特化した「長生会」が生まれ、東京に本部、各地方に支部を組織した。その後、大菊を主とした「大日本菊花会」、さらに新進の団体が現れたという。1929（昭和4）年の千秋会事務所発行の『御大典奉祝会報記念号』報告欄には、第11回の会務報告として本年度入会者850名、現在会員数2,300余名とある。

19 伏見宮家は盆栽趣味でも知られる。台湾から持ち帰った楓を『盆栽』誌一般公募により「ミヤサマカエデ」とし、現代でも盆栽界で使用される名称となった。盆栽は一般的な品種名を別称で呼ぶことがある。

20 朝倉文夫『彫塑余滴』朝倉彫塑館1983年に「一坪園芸の収穫」「蘭を育てる」「洋菊を作る」「植木鉢」等のエピソードを書くなど、植物栽培の実践が多く残る。美術館として住居は公開されている。

21 中村長次郎『朝顔』泰文館pp. 25-39、1965年によると江戸時代に2回のブーム（文化文政期、嘉永安政期）があった。

22 上野不忍池湖畔にある「百草園丸新」の敷地は昭和初期の経営難により、盆栽組合の拠点である「東京盆栽倶楽部」になり、現在の「上

写真2-4　御大典奉祝花壇（1928（昭和3）年11月10日）[24]

写真2-5　『千秋会会報　御大典奉祝記念号』[25]表紙

野グリーンクラブ」となっ
ている。仲介は小林憲雄の
力添えによる。

23　前掲書、鶴橋「趣味道に関
する文献目録」第5編 p.7、
1935年には、「元來園藝上
よりする菊の分類は一定し
てゐないのであるが、凡そ
これを大別して大菊・中菊
（狂菊）・小菊とし、別に嵯
峨菊・伊勢菊・肥後菊・丁
字菊・美濃菊・一文字菊・
料理菊等を加へる。但しこ
れ等も強ひて前記三大別の
うちに含ませ得ないもので
はないが、便宜上こゝでは
別にしてをく。また大菊の
細別法も人によつて様々で
ある。例へば東京の千秋會
では厚物及び厚走・太管・
間管・細管に分け、名古屋
の秋香會では一文字・厚物・
厚物管走・太管・間管・細
管・針管に區分するが要す
るに大同小異である。その
他時期によつて夏菊・秋菊・
寒菊とする方法もある」と
ある。

24　深井清徳『会報御大典奉
祝記念号』千秋会事務所
1929年、扉の写真

25　同上書、深井（1929）表紙

26　蝦夷松を好んだ理由は「樹
形に変化があり、葉が細か
くて自然の景が出しやすい
こと（中略）、培養が非常に
楽であること」から盆栽村
で入札会も始め、ほとんど
その全部を買い取ってしま
うほどだったという。

27　村田圭司『「盆栽世界」別
冊　伝承の盆栽銘品撰　盆
栽水石懐古展記念出版』樹
石社 p.104、1979年の記
録では、九霞園村田久造と
蔓青園加藤三郎の話の中で
語っている。

28　この鉢を生産した庭窯は高
明山窯という。

29　前掲書、鶴橋（1935）p.268

30　前掲書、村田（1979）p.73

する数である。その後、植え替えに必要な鉢を中国から一船ご
と買って来たが、さらに数が足りず、自宅に庭窯を築いて鉢[28]を
焼かせるようになったという。庭窯で鉢をつくる文化は幕末明治
期に大名家旗本等にあった。頼母木の樹種の中に仏手柑600余
鉢とあるが、これは大正天皇が好まれた樹種で、たびたび献上し
ていた大隈重信の依頼で頼母木が木を探していたとの話が記載さ
れている。『趣味大観』本文にも頼母木の「盆栽趣味は故大隈侯
爵の感化に據るもの」で、幾鉢か譲り受けるうち、「侯爵が逝去
される五年前には二百余鉢を所有」[29]とあるので、盆栽園主の話
と、『趣味大観』の記述の一致を確認することができる（写真2-6、
2-7）。

　No.45鈴木、No.46内田はともに「横浜盆栽会」の立ちあげメン
バーで、内田は会長、鈴木は副会長である。横浜は温暖な気候
で木の育ちもよいことから愛好家が多く、特に小品の培養に長け
た地域である。「横浜盆栽会」は当時一般的な大型のサイズ[32]を
扱っていたとみられる。No.47井上、No.48澤田はそれぞれ、伊
東巳代治、大隈重信の影響[33]がある。No.47井上、No.49吉田は、
水石界に知られる頼山陽の影響を受けており、同じく書や南画趣
味を掲げる者の多くが、頼の山水趣味へ私淑する傾向がみられる。

　No.48澤田は1927〜1929（昭和2〜4）年に北海道庁長官であ
るが、1934（昭和9）年に『日本趣味芸術叢書　盆栽芸術』[34]「盆
栽原論」を著し、日本趣味芸術に盆栽を美学として扱う試みを示
した。扉の写真では「蝦夷松寄植」「蝦夷松」「五葉松石付」「朝
鮮山櫻」「皐月銀世界」「水石」各画像を選択し、当時の流行樹種
を確認することができる。村田圭司「幕末から明治・大正・昭和
にわたる樹種と樹形の変遷史」[35]では、1933（昭和8）年から1939
（昭和14）年に出版された資料を参考に、五葉松・蝦夷松・錦
松・真柏・石榴・梅・楓の順で人気があったとまとめている。こ
の点、頼母木や澤田の蝦夷松熱と通じている。

**写真2-6　大隈から頼母木への烏泥正
方鉢[30]**

**写真2-7　頼母木所蔵の蝦夷
松[31]**

写真 2-8　頼母木桂吉筆南画

　次に No.53 小泉である
が『趣味大観』での記述は
少ないものの、盆栽界では
「小もの盆栽」先駆けとし
て著名な「茶のみ会」[36] 関
係者として記録が残る。会
は 1931（昭和 6）年に発足、
1933（昭和 8）年当時の陳

写真 2-9　金成の入賞の「錦川」

列会には内閣参議の小泉又次郎[37]、貴族院議員の平沼亮三（のち
の横浜市長）、東京市長の頼母木も参加したとあり、横浜の盆栽
は盛りあがりをみせたという。
　No.51 小島はサボテンやシダ類であり、種類としては珍しく、
盆栽にあたるものは皐月である。本文中には「置き場所に困る
状態で、その一部を校庭に栽植する」[38] とある。蘇鉄は、『趣味大
観』の頼母木の記述に直筆画（写真 2-8）としても掲載されるが、
戦前の国風盆栽展には蘇鉄類を飾ることがあった。現在は盆栽と
してみかけることが少なくなった樹種である。また No.54 阿部
は園芸・盆栽の記述は詳しくないが、植木は躑躅とある。躑躅は
当時、染井の植木屋伊藤伊兵衛の他、大久保方面に入園料をとる
躑躅園があり人気であった。「趣味道に関する文献目録」には園
芸のカテゴリーに皐月があり、「皐月の何物たるや、霧島と皐月
との差別さへ一般世人の弁へざりしに、現在に於ては鑑賞花木
として随一の人気を博し、全国到る所これを培はざるものはなきま
でに普及するに至つた」[39] とその流行が示されている。
　No.40 金成（「錦川」写真 2-9）は、大日本皐月同好会会員、
No.41 飯田は大日本皐月同好会理事、帝国皐月同好会理事とあ
る。いずれも競技会に出品し入選が数回から 10 回を数え、保有
する鉢数や銘品があるとの記述もある。どちらも盆栽趣味を持
ちながら、皐月も愛好していることがわかる。また盆栽の表記
ではなく、皐月趣味としている者もおり、No.55 松浪、No.56 鯉
沼（「萬上」写真 2-10）は帝国皐月好友会会員、No.58 藤屋（「華

31　前掲書 p. 6、蝦夷松は頼母
　　木桂吉が新潟の中野忠太
　　郎に譲った木で 1979（昭
　　和 54）年当時の画像であ
　　る。この木の入っていた鉢
　　は粛親王が大隈重信に贈り、
　　大隈から頼母木に贈られた
　　もので、中野に譲る際には、
　　鉢だけは断ったと語る。

32　横浜には豆盆栽、小品盆栽
　　の流行が現在も続いている
　　が、横浜サイズの普及に影
　　響があった可能性がある。

33　島内柏堂編『大正名人録』
　　黒潮社 1918 年には、当時
　　の盆石家・盆景家・盆栽家・
　　園芸学者・園芸家について
　　名人をあげており、その中
　　に伊東・大隈の名前をみる
　　ことができる。伊東・大隈
　　は趣味の上ではそれぞれ大
　　正期から昭和初期の盆栽界
　　へ規模と交流の範囲、多く
　　の名品を所有した意味で長
　　期にわたる軌跡を残した。

34　澤田牛麿（編）『盆栽芸術』
　　成美堂書店 1934 年は、小
　　林憲雄「盆栽の培養」「盆
　　栽と鉢植との差別」、中鉢
　　美明「水石の話」、高木文「盆
　　栽の歴史」との共著である。
　　従来の盆栽書に多くある名
　　人による技術の紹介を減ら
　　し盆栽を美学として示すこ
　　と、また水石を掲載するこ
　　とで盆栽の自然美を強く示
　　す意気込みがある。

35　前掲書、村田（1979）pp.
　　112-122

36　杉本佐七『趣味の小もの盆
　　栽　百人百樹』光芸出版
　　1967 年 pp. 164-165

37　農耕と園芸編集部『別冊
　　農耕と園芸　水石の心・
　　石の味」「石と語る」p. 44、
　　1966 年にある息子の小泉
　　純也の回想には「終戦時の
　　東京空襲で三百鉢余りの盆
　　栽も灰燼に帰したが、父親
　　の盆栽道楽には家族は随分
　　悩まされたものである。政
　　治家は朝早く家をでて夜は
　　おそい。遊説や視察で旅行

も多い。真夏には日に三回も四回も水をやらねばならぬ。父の不在中は結局家族が盆栽の面倒を見なければならなかった」とあり、自身「若い時から盆栽の手入れや講釈を聞いているうちに門前の小僧になってしまった」と記し、結果的に昭和41年当時、全国遊説先で入手した300個余りの石を愛蔵すると述べる。

38 前掲書、鶴橋（1935）p. 522

39 「趣味道に関する文献目録」には園芸のカテゴリーに皐月が入る。

40 前掲書、村田（1979）p. 106

41 一般社団法人としては「日本盆栽協会」「日本水石協会」「日本皐月協会」「全日本愛石協会」があり、公益社団法人に「全日本小品盆栽協会」がある。また作家で組織された「日本盆栽作家協会」がある。

42 一般社団法人日本皐月協会「日本皐月協会について（協会設立の経緯）」によれば、1913（大正2）年に浅草の趣味者十数人によって「東京躑躅研究会」が結成され、1924（大正13）年「大日本皐月同好会」となった。1928（昭和3）年に東京日比谷公園で「御大礼記念全国皐月大会」を開催する。1927（昭和2）年には別団体「帝国皐月好友会」が結成される。両団体は1938（昭和13）年に「帝国皐月協会」として合流。初夏には隅田公園で、秋には深川の清澄庭園で展覧会を開いた。戦後「日本皐月会」として、1949（昭和24）年に上野の盆栽倶楽部で祝賀大陳列会、日比谷公園広場で花季大陳列品評会を開き、翌年戦後初めての銘鑑を発行する。現在の「一般社団法人日本皐月協会」となる。

43 丸島秀夫『日本愛石史』石乃美社 pp. 402-408、1992年の指摘によると、盆石界では本来は水盤石といって

写真 2-10　鯉沼の皐月「萬上」

写真 2-11　藤屋の新種「華宝」

宝」写真2-11）は同会幹事及び名誉会員であり、No.57福島は大日本皐月同好会会長と記されている。『伝承の盆栽銘品撰』[40] の1979（昭和54）年の記録では、もともと「大日本皐月同好会」であったものが分離し、「帝国皐月好友会」となったこと、その後、二つの会が合流し「帝国皐月協会」になり、「一般社団法人[41]日本皐月協会」[42] となったとされる。松浪、鯉沼の記述には1933（昭和8）年の上野公園での会合、日比谷公園での大会が示されている。

　盆景、盆石については4名の名前があがる。No.59古屋は盆景松政流師範とあり、日比谷公園で開催の日本盆景協会主催の品評会での受賞経験がある。No.60伊澤は神泉流盆景であり、同じく日比谷公園陳列会出品をしている。伊澤の父が校長を務めた東京音楽学校のつながりから日本画の経験もあり、他にも大菊つくりは日比谷公園の陳列競技会に出品を欠かさないとある。

　「趣味道に関する文献目録」には「盆栽」の中に「盆石」[43] の説明があり、「盆の上に石砂の類にて景色を描き出し室内の幽趣雅致をはかるもの、即ち盆石である。室町時代より生花・茶の湯・香道などとともに盛んとなり遠州流、石川流、相阿弥流、利久流、竹屋流、清原流、細川流、遠山流などの諸流派に分れてゐるが、何れも自然石の形象を玩象する風景より起こつた」とある。No.61皷は、盆石（写真2-12など）を1930（昭和5）年頃より、細川流の盆画をはじめ、桐村梅花師に師事、盆景は梅友会会員、立正大師六百年忌の際は結城素明の絵を主題に盆景と盆石とを出品したとある。No.62山尾は6年前に関西地方で盆景をみて、勝野博園・嗣子晴夫に就いて修業、三曜会（細川流）幹事とある。

　No.63松平は政界で活躍し貴族院議長を務めたこともあり、20を超える公の会長を引き受けていた。酒井忠正[44]によると、そ

写真 2-12　皷の台湾神社奉納の盆石　　　**写真 2-13　豆盆栽の鉢を整理する松平[51]**

写真 2-14　前列：石松　ひめくま笹　やぶこうじ、中列：楡　五葉松、
後列：杜松　片柏　杉と楡よせ植え[52]

五葉松（1923（大正 12）年浅間山麓鬼押出で採集）　片柏（昭和のはじ
め他より譲り受け）　杜松（1932（昭和 7）年頃日内山で採集）　杉と楡
（1936（昭和 11）年焼岳にのぼり採集）　楡（1940（昭和 15）年南京より）

のうち唯一の趣味の会が国風盆栽会であり、自身が愛好者とし
て「豆盆栽」の飾りを行った（写真 2-13、2-14）。「豆盆栽」は現
在でもその呼び方はあるが、手の上に乗せることのできるサイズ
の盆栽である。『松平頼壽伝』[45] や『小品盆栽　松平家に生きる珠
玉の名品』[46] には当時の栽培したサイズの記録があり、『松平頼壽
伝』掲載の新聞記事にも「豆盆栽の宗家」[47] との記載がある。こ
の時期、各地における盆栽陳列会の流行期[48]を迎えていた。松平
も東京専門学校出身で、大隈重信の盆栽趣味に繋がりがあった。
また徳川宗敬は「染井のお庭には、豆盆栽が何百とありましてね。
夏、軽井沢に行かれる時は、その中の高級の逸品はお供して転地
していました」[49] という。松平は、その後 1934（昭和 9）年から
開催の東京府美術館における国風盆栽展開催に朝倉文夫とともに
尽力した。酒井忠正は「豆盆栽をお好きで、とうとう私もあの趣
味をすすめられてね、国風展といって今も残っておりますが、盆
栽の展覧会、それの会長をされていた」[50] として、酒井自身も副
会長を務めた。

水と関係のあった飾りを
水石としていた。ところ
が、この水石を盆石のかわ
りに使い始めた。そして水
石は詩情、漢詩文と切り離
されて石そのものの鑑賞へ
移行した。水石は盆栽と合
わせて鑑賞される機会も増
え、その時期に愛好家が増
加する。水盤に飾るものだ
けではなく、台を付け、「山
形石、神仙仏体、人物、茅舎、
動物」と見立てる面白さを
評価する鑑賞が多くなった。
水石の流行は盆栽人口の増
加と、水石を扱う月刊誌の
登場と相関関係にあるとい
う。石の鑑賞から漢詩文（詩
情）を外した経緯は日本画
の近代化による文人趣味排
除、詩書画を分け、画を色
彩化・絵画化することで再
編した選択と重なる。

44　酒井忠正『盆栽』「国風盆
栽會々長　松平頼壽伯を追
慕す　国風を愛護する精神」
叢会 1944 年、日本盆栽協
会『昭和の盆栽譜　国風
盆栽展五十年の歩み』「昭
和の盆栽史」p. 233、1983
年に再掲。

45　松平公益会『松平頼壽伝』
1964 年

46　日本盆栽協会『小品盆栽
松平家に生きる珠玉の名
品』1974 年

47　東京日日新聞の記事「華族
様には型破りの人物」（松
平公益会『松平頼壽伝』
p. 502、1964 年）

48 松平の創設した本郷学園校歌は1929（昭和4）年の坪内逍遥作詞であるが「むかしは植木の名どころ染井、とりわけ紅葉の錦に知らる、今は学園ここに開て、国の柱の苗木を育つ（後略）」とある。この時期、盆栽陳列会の流行期であった。

49 松平公益会『松平頼壽伝』p. 395、1964年、徳川宗敬の語り。

50 同上書、松平公益会（1964）p. 396、酒井忠正の語り。

51 同上書、松平公益会（1964）p. 397

52 同上書、松平公益会（1964）p. 396

（c）造園（庭園、庭造）（表2-5）

　造園、庭園趣味の記述については、自宅の庭や経営する商店の庭に造園を行った例がある。規模としてはNo.74菅原は本邸と別荘に合わせて5,400坪の庭園があり、この中で規模が大きい。記述に「日本趣味」を掲げるものが多く、現代的なものは不愉快と示すものもあるので、日本式庭園が評価の前提として共有されている。No.65鈴木紋次郎の記述として興味深いのは、日本画家で山水画を得意とした川合玉堂宅に寄宿していた話や、No.75、洋画家の小林萬吾は自身の趣味として庭造りや植木の手入れをあげている点である。No.68、洋画家の熊岡美彦は造園の研究室を設けたと記載もある。具体的な内容は書かれていないが、洋画家の仕事と造園の関係は影響があるようである。職業として研究している者にはNo.71田村がある。

（d）山草（高山植物、山の植物、野外植物、鳥類・植物、動植物採集）（表2-6）

　「高山植物」「山の植物」の趣味で共通するところは、茶道や花道の素養があり、山岳への関心も同時に持っていることである。合わせて記録のために写真を趣味としている、あるいは絵葉書や書物を蒐集している場合もあり、栽培と合わせて趣味としていることを確認できる。

　No.83伊藤は中学校の博物学教諭であるが、動植物の研究著書がある。この中に武蔵野の植物を研究した『郷土研究　東京の植物を語る』（文啓社書房）があり、『趣味大観』と同じ1935（昭和10）年の発行である。伊藤は植物に関しては「東京山草会」に所属し、山草の流行を1期と2期に分け説明をする。

　第1期は1901、2（明治34、5）年頃から1909、10（明治42、3）年頃までの約10年とし、松平康民邸で開いたのが最初の陳列会であり、次に加藤泰秋邸で開いたという。内輪の会であったものを、大会の時は広告も出して大衆に公開するようになった。その中に1902（明治35）年7月に団子坂の「薫風園」で第1回山草会を開いて、新聞の取材も受けた。山草会について西洋の高山植物の真似だと揶揄する品評もあったが、「薫風園」は盆栽仕立ての山草をみて、協力するようになり、会場として自園を使わせるようになった。現代の盆栽展示の下草として山野草の類が飾られるが、煎茶飾りとしての盆栽から下草を合わせた飾りに変化する兆しをみることができる。陳列会を開いてから会員も増加し、小集会（持寄会）や座談会を開き過ごすようになった。この頃「保護植物」の考えも芽生え、その後時勢が進んで採集禁止場所の設

定もされるようになった。また名称不明の植物は牧野富太郎によって鑑定されたという。

第2次山草栽培の勃興は大正から1935（昭和10）年にかけて、「東京山草会」「山草研究会」、雑誌『農業世界』で経営する「植物趣味の会」などが紹介されている。伊藤の入る東京山草会は、もともと銀座千疋屋で開催していたものを、浅草の個人宅で毎月1回開会している。

写真 2-15　鈴木久三郎の山草の寄植培養

著書の中に、No.77 鈴木は複数の山草会に入り、写真（写真 2-15）入りで紹介され、No.80 邊見は雑誌『山草』を出したとある。北海道から千島にかけて特定の植物を80種以上集めている例や、薬用・医学の研究用に応用する目的もみられる。山草の多くは「春及園」「目黒農園駒澤研究所」「恒春園」「培樹園」「清秀園」「日本山草会（会員組織とは別に個人経営）」で扱われていると報告されている。

(e) 植木（植木の研究）（表 2-7）

「植木」「植木の研究」に関しては600坪の庭で植木に合わせて盆栽と菊づくりをする例、明治神宮外苑の「なんじゃもんじゃ」の植木を20年育てる例、種子及び草花の研究と書かれる例もある。

(f) 石の蒐集（化石採集）（表 2-8）

「石の蒐集」「化石採集」は2名である。1名は易学に通じ、具体的な記述はないが奇石や水石ではなく自然の石を愛好するとある。趣味の中でも石の蒐集を代表的趣味にあげた人は1名のみで、特殊趣味とある。またもう1名は化石や古代地層に関心があり、古生物学の研究を行ったとある。

(g) 森林写真蒐集（高山植物・植物に関する古書の蒐集）（表 2-9）

自然栽培趣味のうち、森林の写真と植物の古書の蒐集に関する趣味をあげていた2名をここにまとめた。No.89 河田は実務家として、取材先の森林の写真撮影を趣味としていることから、仕事との関わりが強い。この時代、写真撮影は趣味としてたびたび登場し、趣味の中で肯定的に捉えられている。また No.90 村野は、高山植物については、もともと函館を拠点とし、名古屋に越してからも関西の「山草倶楽部」と交流を続けた。また植物に関する古書の蒐集について、本文中では煙草資料として『愛煙草』『俳諧煙草誌』『煙草話』など14冊を紹介し、前田曙山の「園芸文庫」によって研修したとある。

(h) 自然（自然礼賛）（表 2-10）

具体的な記述が少なく、分類が難しいが、全体の中で「自然」「自然礼賛」を趣味と示したものは 2 名であった。No.92 清水は従軍経験から自然に愛着を感じるようになったとの回想が記される。

(i) 野菜栽培（表 2-11）

野菜栽培の多くは (a) 園芸に分類されていたが、1 名のみ趣味の欄に野菜栽培とあった。(a) に分類した場合、大規模なものや特別な品種を栽培している様子がみてとれたが (i) の場合、トマト、アスパラガス、セロリであり、園芸の分類にない品種のものであった。80 坪の畑という規模である。

4　組織の形成

4-1　ジャンルと組織名

No.1〜39 の所属組織（所属会）の括りは、菊・蘭・朝顔については「会」、花卉に関しては「同好会」、薔薇やダリア、マスクメロン等の輸入した新規植物は「協会」、大規模な開発をともなったものは「組合」となっている。蘭の記述に伏見宮家「係」として登場する者も確認できる。また大規模な耕作を伴う農地を「農園」、資本金を集めた「株式会社」組織、会社組織の中に「部」をみることもできる。

No.40〜63 の盆栽分野については、皐月に「同好会」「好友会」、蘭に「同心会」で仲間の集まりであるのに対し、盆栽には「会」「園」が多くみられる。盆景、盆石については「流」「会」であり、師と弟子の関係を持っている。

No.64〜75 の造園には「委員会」「協会」の組織がみられ、No.76〜83 の山草については東京で「会」、関西で「倶楽部」の表記がみられ、一部 No.90 に「博物館」とあった。その他の分野に特徴的な組織の記述は特になかった。この組織単位からはグループの関係性がよくみえ、現在につながる組織名である（表 2-16）。

4-2　日比谷公園の大規模展示

大正時代から昭和初期にかけて日比谷公園は大規模な植物の野外品評会・陳列（競技）会が開催されている。「現代趣味家総覧」にみられる趣味家の記述によると、No.7 近藤は根岸に設立された朝顔の会に入り、7 月から 8 月の日比谷公園の品評会に 10 鉢を出品、No.56 鯉沼は大日本同好会、東京市共同主催の全国皐月盆栽大会（日比谷公園）及び帝国好友会、東京市共同主催の全国

表 2-16 「組織分類の使用単位」

単　位	組織名
会（係）	菊：東京重陽会、千秋会、秋香会
	蘭：愛蘭会（4名）、蘭惠同心会、伏見宮家の蘭係大竹（2名）
	盆栽：横浜盆栽会（2名）
	盆景：梅友会
	山草：東京山草会（2名）、日本山草会、神戸山草会、大阪山草会
	その他：朝顔の会（根岸）、趣味の生物会、洋菊の会、昭楽会、四調会、精華会
同好会	大日本皐月同好会（4名）、花卉同好会
好友会	帝国皐月交友会（5名）
協会	帝国薔薇協会、日本ダリヤ（ア）協会（2名）、マスクメロン協会（2名）
	国立公園協会、日本庭園協会
委員会	国立公園委員会
組合	城南田園住宅組合、大日本園芸組合
倶楽部	大阪山草倶楽部、京都園芸倶楽部
園	菊の苗：清興園、槇麓園
	盆栽：翠香園、明昇園
流派	盆景：松政流、神泉流
	盆石：細川流、三曜会
農園（分園）	池田農園（茅ケ崎分園）、農園北秀園、大井町農園、松田農園、大船農園
博物館	名古屋博物館
会社（部）	日本園芸株式会社、フロリスト株式会社、横浜植木会社、資生堂花部

皐月盆栽大会（上野公園）等で特別優等金盃を受領、No.59 古屋は日比谷公園で開催の日本盆景協会主催の品評会には賞状を受けることを常、No.60 伊澤は日比谷公園陳列会に「義士の討入」を出品。大菊つくりは日比谷公園の陳列競技会に出品を欠かさない、とある。記載を辿るだけでも、日比谷公園では、1935（昭和10）年より前に、「朝顔」「皐月」「盆景」「菊」の陳列が行われていることがわかる。その他にも、貸席である「紅葉館」、「伊香保」、同じく公園を活用した上野公園での展示も確認できる。

　皐月の品評会・展示会の会場については、3-3（b）で触れたが、赤羽勝「皐月盆栽の成立と特徴について」（盆栽学会講演記録）によると「皐月盆栽は東京下町の植木業者や露天商が中心となって、関東大震災後の1924（大正13）年に浅草の『伝法院』で開催して人気を博し、その後は日比谷公園から上野公園不忍池湖畔で花期

53 赤羽勝「皐月盆栽の成立と
特徴について」（盆栽学会
講演記録）『植物化学調節
学会研究発表記録集』33
（0）pp. 7-8、1998、躑躅
の研究者である赤羽の肩書
には盆栽学会顧問とある。

54 小林憲雄『皐月の研究と
培養』博文館 pp. 10-13、
1931 年、同時期の出版に
『盆栽の研究』『今の盆栽と
その培養法』があり、月刊
雑誌『盆栽』叢会を主宰し
た。『皐月の培養と研究』
は新装版が、小林是空（小
林憲雄）『皐月・さつきの
鑑賞と栽培』誠文堂新光社
1961 年として出版されて
いる。

55 前掲書、小林（1931）p. 13

56 皐月の流行はそれ自体が
ジャンルとして成立するほ
ど広がりをみせており、盆
栽の一品種にとどまらない
ボリュームがある。本論で
は一部に触れるのみで、今
後の研究が待たれる。

57 前掲書、日本盆栽協会（1983）
p. 209

58 開催の経緯と国風盆栽展
の歩みについては、前掲
書、日本盆栽協会（1983）
pp. 201-284 に詳細が記録
されている。

展示会を行って」[53] いたとあり、松柏盆栽との流行層の違いについて触れている。

　小林（1931）によれば、「皐月が、展覧会的な陳列を催したのは、大正三年、上野公園に於ける大正博覧会であった」[54] とあり、初めて盆養美花を知った観衆は培養者となり、1921（大正10）年には「大日本盆栽奨会」が鶯谷の「伊香保」で陳列会を開催した。また 1926（大正15）年には日比谷公園で、大規模な盆栽大会が開かれることになった（写真2-16）。[55] さらに小石川、その他の公園でも陳列会が開かれ、全国的に品評会も流行した。皐月の創作が進み、この時期、品種のみで 500〜1,000 種になるとした。[56]

　明治以来、盆栽は煎茶とつながって文人趣味として、新しい飾り方を模索し、個人宅や貸席の床の間にあがることになったが、流行による需要の増加によって、生産者と需要者が急速に拡大した。品評会や陳列会を目的として、大衆に公開するため、貸席ではなく公園における大型の会を開くことになり、その陳列をみた新しい観客がさらに誘引される形で中間層への広がりをみせた。中でも 1922（大正11）年の上野公園で開かれた「平和記念東京博覧会」は、盆栽 400 点が展示され、記録的な入場者があった。そして 1927（昭和2）年の「明治大正記念全国代表名木盆栽展覧会」は一般公開の盆栽展として開かれたものである。1928（昭和3）年には、東京市主催、昭和天皇即位記念の「御大礼奉祝全日本盆栽大会」が開かれ、皇室の盆栽 5 点が貸し出されている（写真2-17）。日比谷公園で開かれた初の屋外陳列は人気を博し、約 80 席の規模を維持して「全日本盆栽大会」として第 6 回まで継続した。盆栽を美術として扱う機運が高まり、数年の交渉の結果、1934（昭和9）年東京府美術館において「国風盆栽展」[58] が開催となり、今日（2024 年現在第 98 回）に継続される。

**写真 2-16　日比谷公園における第 1 回皐月盆栽
大会会場全景（1926（大正 15）年）**

**写真 2-17　御貸下品（右より黒松・松石付・檜・桐筏
吹・五葉松）[57]**

5　昭和初期の自然栽培（縮景）趣味の考察

　本章は 1935（昭和 10）年発行の『趣味大観』「現代趣味家総覧」にみられる自然栽培（縮景）趣味の記述、特に盆栽趣味について考察を進めた。

　第 1 節では盆栽をめぐる社会状況と再考の必要性、盆栽史の先行研究を示した。第 2 節では『趣味大観』における自然栽培趣味をまとめた。第 3 節では盆栽趣味家の経歴を分類し、特徴的な記述を示した。第 4 節では組織の形成として、分野と組織名、日比谷公園の大規模展示への変化をまとめた。

　この時期には「盆栽誌」の需要が増加し、各園の技術者が栽培方法を執筆、名高い盆栽を撮影し、写真集として発売するなど、印刷媒体を通した広がりも併せて確認できる。すなわち、明治期になって大阪で始まった煎茶、床の間飾りの新流行が、東京に入り込み、大正末期の品評会・陳列会を通して、美術館展示へつながる経緯となったことがわかる。大正末期には盆栽芸術論、美術論も広がり「美術盆栽」「自然美盆栽」[59] と言い方も工夫された。この広がりに合わせて、樹形としても、文人趣味から自然主義的な盆栽が評価されるようになっている。

　皇族・旧大名・貴族・政治家・大規模な実業家・盆栽園が主導していたものが、『趣味大観』に示されるように、趣味の会の運営、品評会・陳列会・博覧会、人士録、写真の印刷を多用した出版を通して各実業界・会社経営者・商業・製造業・芸術家・研究者・政治家・伝統芸能家・貴族・資産家に至るまで、普及拡大した。愛好者の多かった骨董・盆石・山草は、盆栽の席飾りとしての役目を引き受け、添景・水石・下草に変化し、合わせて陳列されるようになる。

　一方、近接分野である盆景は、大正期までの流行があるものの、家元制を採用したこと[60] で需要層の広がりに欠く印象がある。園芸全般に関しては輸入される鑑賞用植物の品種が増え、趣味として育てる肯定的雰囲気があった。また趣味家の中には、自宅の庭で温室や庭園を築き、趣味の規模を拡大させた者もいる。

　また、昭和初期は、急速な交通網の発達と国土拡大の肯定的な意識による需要から、蝦夷松・宮様楓・蘇鉄・朝鮮山櫻・南京の楡・採集した山草・高山植物・多種多様な輸入植物の増加など、栽培樹種の産地の著しい広がりを同時期の資料から確認できる。素材を山採り、売り立てが盛況となり、盆栽園が増加した他、「趣味家」による会が組織され、陳列会で公開されたことで、需要層がさらに拡大した。1923（大正 12）年の関東大震災による

59　盆栽趣味家の多くは「美術盆栽」「自然美盆栽」「自然主義」の語を使用したが、美術からのアプローチ、また美学用語としての言及は、第 1 章、青木（1910）の他、検討の余地がある。

60　男性のたしなむ屋外の盆栽に対して、女性のたしなむ屋内の盆景は、近代に支持層を減少させた。

盆栽園の被災と移転はあったが、流通網の再整備により、栽培地域も拡大された。

　盆栽は陳列の機会が続いたことで大衆向けの陳列形式や、野外に合わせた大型の盆栽の価値が定まっていく。専門業者は弟子を取り、暖簾分けをして、特に盆栽園においては「香」「樹」を屋号とする園が増えた。各盆栽園は得意分野を持ち、園を公開し雑誌広告を打って販路を広げ、新しい品種の獲得を進め、趣味者の要望に応えた。趣味家は人士録の記載だけでなく、盆栽美学に関する著作を発行し、陳列会の記録や所有する名品盆栽の記録を盆栽園の企画する印刷発行物に掲載させるようになった。名品を多数所有し、出版物に掲載されることは、昭和初期の文化人・教養人・紳士としてある種のステータスであり、業界を超えてつながりをつくる働きが認められる。

　鑑賞者の増大は、東京府美術館を会場とする盆栽展覧会の開催への働きかけを強くした。1887（明治 20）年頃に芸術教育に入らなかった文人趣味は、その価値を一部のこしながら、一方で大型で重厚な樹形が主流となっていく。自然栽培（縮景）趣味が需要層を形成し、盆栽の樹形も展覧会に合わせた形となった。つまり趣味を基底とする「大衆性」は展示運動の下支えとなりながら、盆栽の価値を“東洋的であること”から“国風”に変えることで、美術の領域にその価値を接続させたと考えられる。

第 2 章

昭和初期の盆栽趣味の諸相
―『趣味大観』（1935）にみられる自然栽培趣味の記述から―

まとめ

　第 2 章「昭和初期の盆栽趣味の諸相―『趣味大観』（1935）にみられる自然栽培趣味の記述から―」では、1935 年発行の『趣味大観』にみられる自然栽培趣味の記述、特に盆栽趣味について考察しながら、昭和初期の趣味家の間で文化愛好者の関係性がどう成立したのかを明らかにした。第 1 節では盆栽をめぐる社会状況と再考の必要性、盆栽史の先行研究を示した。第 2 節では『趣味大観』における自然栽培（縮景）趣味をまとめた。第 3 節では盆栽趣味家の経歴を分類し、特徴的な記述を示した。第 4 節では趣味組織の形成として、分野と組織名、日比谷公園の大規模展示をまとめた。第 2 章の結論として、昭和初期の自然栽培趣味は、趣味家や盆栽園による出版が増加し、印刷媒体を通した広がりが確認できた。盆栽は、煎茶、床の間飾りの新流行に始まり、趣味の会として組織化され、陳列会を通して、美術館展示へとつながった。大衆化は展示運動の下支えとなり、盆栽の価値を東洋的であることから国風に変えることで、美術の領域に接続した。

―――――― 第 3 章 ――――――

盆栽趣味の広がりと性格
―雑誌『自然と盆栽』記事にみる 1970 年～1982 年―

1 はじめに

　本章は、拙論「昭和初期の盆栽趣味の諸相―『趣味大観』(1935)にみられる自然栽培趣味の記述から―」(2020)[1] に続けて、1970(昭和45)年4月に創刊された雑誌『自然と盆栽』を手がかりに、1970年代の盆栽趣味の流行の背景を明らかにするものである。

　「盆栽」は「大正末年頃 (1925年頃) に至り、ようやく社会通念に昇華した」[2] といわれ、昭和期に入ると陳列会（展示会・展覧会）[3] に耐えられる、山採り素材を養盆した大型（大品・大物）盆栽が増加、1945(昭和20)年にかけて需要の拡大と概念[4]の定着をみた。ところが、戦争末期の状況と戦後の混乱による約10年間の停滞、すなわち大型盆栽の維持管理の困難さを要因とした、活動の中断が起こったとされる。[5]

　戦後、国風盆栽展は1947(昭和22)年に再開、一時中断するも、1955(昭和30)年にかけてその他の各陳列会（展示会・展覧会）も徐々に増加、再び盆栽趣味が隆興した。この時、『趣味大観』に示された1935(昭和10)年当時と比べ、趣味者層の世代交代も進み、さらに1970年代までに、盆栽の小型（豆・小物・小品）化による盆栽需要の入れかわりも起こった。この小型の盆栽は、もともと豆盆栽と呼ばれ、国風盆栽展では松平頼寿を始めとする一部愛好家が栽培していたサイズである。小型の盆栽は、戦後の新旧中間層[6]の趣味の広がりに合わせ、実生・挿し木・取り木・接ぎ木による生産量と供給方法の変化、栽培管理する住宅環境のスペースの問題から、結果的に一代でつくれるサイズとして好まれるようになった。そしてこの時期に、新しい愛好者を意識した盆栽雑誌が複数創刊[7]され、印刷メディアを媒体とした盆栽文化の啓蒙、同好会組織・展示会の増加、愛好家や名人による雑誌連載記事を通した価値観の創出が行われた。

　このことから、1970年代に創刊した盆栽雑誌の中で、新旧中間層への働きかけの顕著な、三友社の月刊誌『自然と盆栽』を、第1期（1970年～1976年（北村卓三発行））と第2期（1977年～1982年（畑鎮夫発行））に分け、記事の内容を参照し、戦後における盆栽趣味の広がりと性格の変化を考察する。

1 早川陽「昭和初期の盆栽趣味の諸相―『趣味大観』(1935)にみられる自然栽培趣味の記述から―」昭和女子大学『学苑』964号 pp.38-62、2020

2 岩佐亮二『盆栽文化史』八坂書房 p.1、1976年

3 小林憲雄によると、1928(昭和3)年には日比谷公園広場での展示があり、盆栽と鉢植えの違いを示した冊子（売価10銭）が20万部売れたとする。1934(昭和9)年3月の第一回国風盆栽展覧会を経て、独立した公開盆栽展の最初は1927(昭和2)年10月の『盆栽』誌主催、朝日新聞大講堂を会場にした「全国代表名木盆栽展覧会」である。明治のはじめ頃からこの展覧会までは料亭などで煎茶席の飾りとして工夫されてきた（『自然と盆栽』1970年4月（創刊号）pp.68-69、1971年1月(10号) pp.91-94）。

4 雑誌『盆栽』を発行した小林憲雄は、「盆栽」の説明で「盆栽とは自然美を表現するもの。鉢植は植物美を鑑賞するもの。」（『自然と盆栽』1971年1月(10号)、p.92）とする。小林の啓蒙活動以前、「盆栽」と「鉢植え」の区別がなく、混同される状態が続いていた。当時の著作物からも混同する表記を確認できると指摘する (pp.91-94)。

5 池井望『盆栽の社会学　日本文化の構造』世界思想社 p.145、1978年 (1978b)

2 戦後の盆栽趣味

2-1 戦後の盆栽趣味の広がり

　大阪の文人趣味による煎茶席の飾りや、関東の園芸文化の素地から勃興した明治以降の盆栽は、皇族・貴族・政治家・実業家を中心に社交を通じた流行の高まりをみせた。ところが戦後、民主化による影響[8]を受け、盆栽趣味が大衆化されるようになった。明治から昭和初期にわたり、皇族・貴族・政治家・実業家の多くは盆栽価値の創出にかかわった[9]が、1935（昭和10）年になると旦那衆への広がりをみせ、戦後は『サザエさん』[10]（1946（昭和21）年～1974（昭和49）年に連載）の「波平さん」（明治生まれで都市部の会社員）のような、新中間層の趣味として、どこの家にも鉢植えがある程度まで広まったとされる。[11] 2021年1月9日の朝日新聞記事「（サザエさんをさがして）盆栽『壮年男性の趣味』、団塊で断絶」[12]によると、当時の漫画に盆栽が描かれた背景には「波平さん」に限らず、「壮年男性のありふれた姿だった」ことがあげられている。[13] そして次の「団塊の世代」は、ライフスタイルの変化によって新規参入者が一気に減ったとする重要な分析を示している。[14]

　盆栽のサイズは、それぞれの愛好者、時代の変化によっても違いがあるが、公益社団法人全日本小品盆栽協会の関東支部の秋雅展Ｑ＆Ａ[15]では、「樹高が約20 cm以下の盆栽のことを小品盆栽」とするのがひとつの現代の基準であるとしている。漫画に描かれる盆栽は小品から中品のサイズで、この時期に流行するサイズも小品盆栽を中心とする、豆～中品盆栽であった。

　『盆栽の社会学　日本文化の構造』（1978世界思想社）を著した池井望は、1977（昭和52）年に設立された現代風俗研究会（桑原武夫会長）[16]の1978（昭和53）年会誌に「流行研究の方法―古典理論を出発点にして―」[17]をまとめている。池井は、「流行」の理由を「選択」に求め、「最低限の財の生産と蓄積が必要である」こと、「財の量は一定限をこえると種類を生み出す」[18]と示す。そして、H. スペンサー、T. B. ヴェブレン、G. ジンメル、G. タルドを概観し、流行は「つくり出される多種多様の製品と、それらを選び、使用することのできる人びとの増加と分化、そしてこの両者の関係から生まれてくる思考や感情の多様性こそ狭義の流行成立の契機」[19]であるとした。

　この本の中で示された、先述の4者の論をまとめると以下のようになる。タルドは人間の社会生活の原理に「特別に記されたい＝特記」と「承認」されようとする行為を「嫉妬」の中に持っ

6　「新中間層」は、「自営農家や中小商工業者などの旧中間層に対して、資本主義の発達に伴って増加した専門・管理・販売などの業務に従事するホワイトカラー層のこと」（『デジタル大辞泉』（小学館）。新旧中間層はそのどちらも含む。

7　1970年創刊の盆栽雑誌に村田圭司を編集長とした『盆栽世界』（樹石社）があり、2021年現在、出版元を変えながら同タイトルで発行を続けている。

8　盆栽を愛好した皇族・貴族・政治家・実業家の多くは、皇籍離脱（1947（昭和22）年10月）・公職追放（1946（昭和21）年1月、～サンフランシスコ講和条約の発効に伴って1951（昭和26）年11月までに全員解除）・財閥解体（1945（昭和20）年～1952（昭和27）年）により盆栽を維持管理する状況になかった。このことも新中間層による盆栽趣味の広がりの一因となった。

9　皇室の盆栽は規模が大きく度々注目されている。皇居の大道と道灌壕の間に大道盆栽仕立場と呼ばれた7,600平方メートルの敷地があり、盆栽の冬季保管用の室（ムロ）、作業室などがある。設置は明治宮殿と同じ1887（明治20）年頃で、国賓・公賓を迎える際の盆栽を管理し、飾りとして利用している。盆器や水盤は大型のものが多く、2,000点以上あるとされ、明治期の工芸品が多い。また政治家の例では、「国風盆栽展」を企画する「日本盆栽協会」の場合、戦後の政権を担った吉田茂が1965（昭和40）年2月に社団法人化して初代会長に就任している（昭和42年10月迄）。2代目岸信介（昭和43年1月～同62年8月）、3代目福田赳夫（昭和63年5月～平成7年7月）、4代目原文兵衛（平成8年8月～同11年9月）、5代目

藤尾正行（平成 12 年 5 月〜同 17 年 11 月）、6 代目宮沢喜一（平成 17 年 11 月〜同 19 年 6 月）、7 代目河野洋平（平成 19 年 10 月〜同 29 年 6 月）、8 代目下村博文（平成 30 年 6 月〜令和 3 年 8 月現在）、であり、政治家の参加が継続する。皇族・政治家・実業家と盆栽のかかわりは多くの資料に掲載されているが、特に依田徹（2014）『盆栽の誕生』大修館書店、第 4 章「近代の盆栽愛好家たち」に盆栽が流行する明治期の様子が詳しい。

10　『サザエさん』の連載は 1946（昭和 21）年 4 月 22 日「夕刊フクニチ」から 1974（昭和 49）年 2 月 21 日「朝日新聞」まで。

11　杉本佐七『趣味の小もの盆栽　百人百樹』光芸出版（1967）に書かれた文章に安部仁「小もの盆栽入門」があり、『『盆栽をやってる』／『ははあ、金持だな』／これは、明治、大正、昭和と金持に縁の深かった、大きい立派な盆栽の話である。／昔は自動車が特権階級のもので一般には親しめないものだった。が、今はこれも普及してきた。」(p. 103) と盆栽の小型化と普及について触れた記述がある。1970（昭和 45）年前後の盆栽に関する資料には、盆栽趣味の広がりに触れる記述が確認できる。

12　「（サザエさんをさがして）盆栽『壮年男性の趣味』、団塊で断絶」2021 年 1 月 9 日（朝刊 3 頁）朝日新聞記事。「朝日新聞記事データベース聞蔵 II」を検索（最終アクセス 2021 年 8 月 1 日）。

13　「54 年になると『戦前に及ばぬ盆栽』の見出しで市民が盆栽を楽しむ様子が描かれ、その 3 年後には『庶民的な盆栽ばやり』という記事が出た。65（同 40）年の『お中元商戦をかせぐ盆栽』は、東京・池袋のデ

ており、競争が起こると「模倣」が生み出されるとした。スペンサーも同じ考えを元に「下位階級は模倣によって上位階級に流行交代を強制する」[20] とし、前者と後者の「距離」によって「特記」と「承認」を求めて新しい「権威」を身に着けようとするとした。さらに、ジンメルはこの両説に「両価性」があるとし、「上から下」に限られないこと、流行は止まることはなく、流動の過程として存在するとしている。そしてヴェブレンの場合、流行は「有閑階級」内での「競争」であり、「見せびらかし（衒示的）」であり、「金銭」と「時間」の消費を必要とするとした。

　これらの論に示されるように、「衒示的消費」の対象となった盆栽と、「模倣」された盆栽の性格変化を、明治時代から 1970 年代の盆栽の状況と重ね合わせて考えることができる（5-2 に詳述）。戦後の新体制により、1934（昭和 9）年の憧れを残していた盆栽は、1955（昭和 30）年頃から再び興隆をみせ、1970 年代に趣味のひとつとして流行期を迎えた。

　池井は先述の現代風俗研究会での報告[21]（1977 年 4 月 6 日）で、「自然と風俗—盆栽私見」[22] を発表、鶴見俊輔、多田道太郎、橋本峰雄の諸氏からの指摘を踏まえて、同時期に盆栽を社会学の視野から考察する『盆栽の社会学—日本文化の構造』をまとめている。

　池井の特に重要な論点は、ヴェブレンの理論を援用し、「理念型としての『盆栽』の性格変化（大衆化と文化の実体）」を概念図化したこと（図 3-1）、また仲村祥一編『現代娯楽の構造』（1973 文和書房）の中にある、第 4 章「釣魚論—時間と娯楽」2「『待ち』の遊びとしての釣り」との共通性[23] を見出し、盆栽を愛好する人々の価値観の中に「時間」とのかかわりが強いことを特徴と示している。

　そして、当時の盆栽史家の村田憲司の言葉として、昭和初年より太平洋戦争前までの十数年を戦前における盆栽界の最活況期[24] とした上で、大型の盆栽の流行を 3 期に分け、「盆栽の意味は平安貴族たちの衒示的消費としての盆栽、江戸末期から明治初年にかけての教養の誇示としての盆栽、戦前昭和期の緊張の代償としてのそれと三様に変化」し、「最後に戦後の現代的な意味—純粋なホビー—に変わる」[25] とした。盆栽の理論書や、特に技法書は 1970 年代に多数発行されたが、盆栽の流行を全体で俯瞰し、概念図として示した例は池井の他に見当たらない。この考察の行われた 1978（昭和 53）年当時は、新旧中間層への盆栽趣味の広がりが顕著な時期であった。フェノロサが「美術真説」(1882)[26] で文人画流行を批判したとされるように、戦後の流行期の盆栽ホビー化を批判的な視点で捉える様子を確認できる。[27]

池井は概念図（図3-1）の説明で、「盆栽の実体も、いわばさきの図のABCの三角形内にある。盆栽を貶価的に論ずる人はA寄りで考える人であり、芸術という人（中略）は、ごくかぎられたB点を取りあげ、外来の中国のものであると断定する人はCを問題にする人である」[29]と記した。

1970年代は趣味が大衆化する時代だったとされ、ホビー、レクリエーション、余暇、娯楽、レジャー、趣味、愛好家、アマチュアを対象として着目した社会学的な研究を確認できる。

2-2 小品盆栽流行の兆し（頼寿・佐七・是好）

小品盆栽は1970年代に流行期を迎えたが、その前の1960年代に流行の兆しがある。もともと、大名の園芸文化の流れ[30]を汲む松平頼寿・酒井忠正らの豆盆栽・小品盆栽の公開は、1934（昭和9）年から始まった国風盆栽展である。ただし、小品の席飾りや陳列会への出品は、この当時から1950年代にかけては極少数であり、この時も主流は中型から大型盆栽であった。

『趣味の小もの盆栽　百人百樹』（1967 光芸出版）[31]を著作した杉本佐七は、趣味者を集めた座談会を開き、盆栽にまつわるエピソードを紹介する。この会で杉本は、小盆栽・豆盆栽の流行は文政時代にあったとする。そして明治初期に盆栽小鉢を制作した旗本出身の竹本隼太、実業家であった小野義真に触れた後、「緒方雷園という人がいたんですが、その人が小盆栽、つまり木を小さくして作るのが趣味なんです。われわれは横浜にいた翠好園（藤崎万吉）——盆栽でも一番先に名人といわれた人ですが、この人の流れをくんで、教わってやっていた」[32]とする。さらに寸法は、「盆栽といえば一尺八寸以下、（中略）小盆栽は五寸以下、豆盆栽は三寸」と述べている。杉本は舞台の大道具制作を本職とする盆栽の名人であり、先述の「百人百樹」では「私の小もの盆栽」として、松平昭子を含む1967（昭和42）年当時の延べ104人の所有する盆栽写真をエピソードとともに紹介する。この時の盆栽の樹高は26cmの五葉松が最大で、最小は3cmのツクモヒバである。

1960年代になると俳優の中村是好

パートで『お中元商品の8割までを占めて大当たり』と伝える。盆栽はいつも日常的な存在だった」として、「50代半ばの波平が盆栽に親しむ姿を作者の長谷川町子さんが繰り返し描いたのは、波平の趣味というより、当時の壮年男性のありふれた姿だったからだろう」とまとめる（畑川剛毅）（2021年1月9日（朝刊3頁）朝日新聞記事）。

14 2021年1月9日朝日新聞記事、さいたま市大宮盆栽美術館学芸員の田口文哉による指摘として、80年代前半までは壮年男性の趣味として盆栽があったが、戦後生まれのライフスタイルが大きく変化し、コア層を除き新規参入が一気に減った、とする。同美術館では「平成28年度秋季特別展　明治の盆栽事情——昭和のお父さんの背景」等の企画展示も開催された。

15 公益社団法人全日本小品盆栽協会 関東支部「秋雅

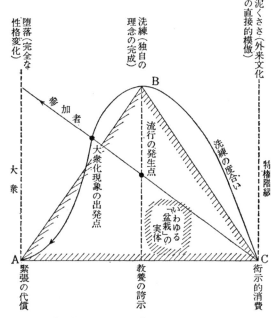

図 3-1 「理念型としての『盆栽』の性格変化（大衆化と文化の実体）」[28]（池井望『盆栽の社会学　日本文化の構造』世界思想社より）

展」https://shugaten.com/
index.html「盆栽の基本Q
& A」「小品盆栽」って何
ですか？（最終アクセス
2021年8月27日）

16　1976年、桑原武夫を初代
　　会長として、京都法然院に
　　創立。鶴見俊輔、多田道太
　　郎（第二代会長）、橋本峰
　　雄らが参加し、「ひろく現
　　代（明治以降）風俗に関す
　　る理論的、歴史的研究」を
　　目的にした研究会として続
　　いている。現在は社団法人
　　になっており、年報『現代
　　風俗』を1977年から発行
　　する。池井望は発足当時に
　　寄稿している。

17　池井望「流行研究の方法―
　　古典理論を出発点にして
　　」現代風俗研究会『現代
　　風俗 '78』第2号 pp.48-70、
　　1978（1978a）

18　同上書、p.51

19　同上書、p.52

20　同上書、p.53

21　池井は『盆栽の社会学　日
　　本文化の構造』を著作し
　　た経緯として、「現代風俗
　　研究会」法然院での報告
　　「自然と風俗―盆栽私見」
　　（1977年4月6日）があり、
　　研究会の席上、鶴見俊輔、
　　多田道太郎、橋本峰雄の諸
　　氏を始めとする先輩、同僚
　　の方々から有益な指摘を受
　　けたこと、仲村祥一との研
　　究会で衣装と盆栽の社会学
　　を担当することになったこ
　　とを述べている。

22　前掲書、池井（1978b）p.235

23　池井（1978b）p.14の記述
　　で、仲村祥一編『現代娯楽
　　の構造』文和書房（1973）
　　第4章「釣魚論―時間と娯
　　楽」の「2.『待ち』の遊び
　　としての釣り」の一節（p.
　　112）を引いて「仲村氏の
　　説明は、盆栽の中の一つの
　　性質にもそのまま当てはま
　　る」とする。

24　前掲書、池井（1978b）p.137

（1900（明治33）年～1989（平成元）年）は盆栽家としても活躍し、1962（昭和37）年～1980（昭和55）年にかけて6冊の小品盆栽に関する著書[33]を発行している。中村は同じ舞台が接点で交流のあった杉本佐七を小品盆栽の師と仰ぎ、著書の中で度々紹介する。

　小品盆栽にかかわる「会」としての活動記録は限られているが、中村の著書には1944（昭和19）年、杉本と中村は小林憲雄とも交流があり、「ボタモチ会」[34]を戦時下で開いたとされる。会費は50銭、浅草の食堂の2階で小品盆栽を持ち寄って鑑賞会とした。そして1960年代には、中村が自宅で盆栽の仲間を集めて「中村会」[35]を年に2回開催した。こういった活動は戦後継続されることになり、小物盆栽、豆盆栽の自宅での集まりとして、杉本は「寿園」[36]、中村は「中村粋好園」[37]と後に名付けている。小品盆栽の広がりは、持ち寄ることによる会の楽しみの幅につながった。

　その他に小品盆栽の会での活動として、杉本の著書に2つ紹介されている。ひとつは「茶のみ会（茶の実会）」[38]で、小物盆栽会として1967（昭和42）年当時、横浜で有名になり、20名前後の会員で運営された。1931（昭和6）年に発足、1933（昭和8）年の陳列会では内閣参議の小泉又次郎、貴族院議員（のち横浜市長）の平沼亮三、頼母木桂吉（のちの東京市長）らが参加、盆栽愛好家は200名以上いたとする。戦争を経て1951（昭和26）年秋に再開、1952（昭和27）年の陳列会には1,300名以上の参観があった。以後会員は10～15名程度、会員の自宅で研究会を行い、国風盆栽展には会として2席出品している。

　2つ目の「東京アマチュア小品盆栽会」[39]は、小物盆栽好きに門戸を開き、会員は東京を中心に600名、当時毎月10～15名の新加入があったとされる。無類井政二郎、田代与志らが、杉本佐七と中村是好への呼びかけで1962（昭和37）年に発足させた。当時、小物専門の会がなかったため、すぐに約50名の会員が加わり、神代植物公園、京王百貨店、上野松坂屋での陳列会でさらに会員が増加した。会長に杉本佐七、副会長の一人は中村是好が務めた。半世紀を超えた現在でも「日本小品盆栽協会」[40]と名称を変えて活動を続けている。

　文政期より始まったとされる小物盆栽・豆盆栽は一部の元大名・華族などの愛好者が栽培を続け、1934（昭和9）年の東京府美術館における国風盆栽展での展示につながっている。そして杉本佐七と中村是好は、1940（昭和15）年頃に国風盆栽展に出品するようになり、小品盆栽による国風盆栽への早い段階での参加を確認できる。[41]下町の一部や横浜での一部流行もあるが、1960年代の杉本佐七や中村是好ら趣味者の著書や活動もあって、小型

の盆栽が一般に知られるようになった。1960年代の流行の兆しとして頼寿・佐七・是好らの活動は着目されるところである。

3 雑誌『自然と盆栽』（1970年〜1982年）をみる

第3節では、近代における盆栽に関する雑誌発行の変遷を確認し、その中でも1970年に創刊した雑誌『自然と盆栽』を手がかりに小品盆栽の広がりをみていく。ここで編集発行を行った、三友社と北村卓三について触れ、さらに雑誌の発行方針と理念をみる。それによって1970年代の小品盆栽流行の背景を確認したい。

3-1 盆栽雑誌発行の変遷

盆栽雑誌の創刊は1906（明治39）年の盆栽同好会における『盆栽雅報』とされる。同時期には、大阪園芸会『華』（1907（明治40）年）、東洋園芸会『東洋園芸界』（1908（明治41）年）も発行されている。一般誌としての雑誌販売の始めは大日本盆栽奨励会の『盆栽』で、1922（大正11）年からは叢会の小林憲雄に引き継がれ、1925（大正14）年に叢会発行となった。この時期の盆栽雑誌は大手の盆栽園が企画し、新聞社に関係する文筆家等が編集を担当している。小林も元々新聞社勤務をした経験があり、老齢で引退するまでに、518号（1966（昭和41）年）の記録的な発行があった。他にも盆栽雑誌は戦時中に複数確認できるが、長続きした形跡はみられない。[42]『盆栽』廃刊後は、1970（昭和45）年創刊の『盆栽世界』（発行は樹石社、のちに新企画出版局、現在はエスプレス・メディア出版に変更）、また1977（昭和52）年創刊の『近代盆栽』が2021年現在まで発行を続けている。

本稿で考察をする『自然と盆栽』は、新旧中間層を対象に、1970（昭和45）年から発行され、1982（昭和57）年に廃刊となった。盆栽雑誌は全体で20誌程度があり、明治の後半から現代まで、概観して1〜3誌が発刊されている状態が継続している。もともと写真を掲載することにより、都市部と地方の盆栽愛好家の情報の共有、誌上展示が発行の主旨とされてきたが、1980年代に入るとカラー印刷が増加、「盆栽情報誌」「盆栽専用のグラフ誌」なども発行の試みがある。また周辺分野の皐月、水石、山野草、自然文化、農業、庭、ガーデニング、学術雑誌、盆栽団体に所属する会員向けの会誌等の発行も含めるとさらに多くの関係雑誌がある（表3-1）。

25 前掲書、池井（1978b）p.139

26 龍池会が主催した、フェノロサによる講演（1882（明治15）年5月14日）。

27 フェノロサが「美術真説」で文人画を批判した時期は一般に文人画の流行期であり、文人盆栽の発生に影響を与えている。戦後の趣味そのものの流行期に、盆栽がホビー化することと同じ現象を確認できる。

28 前掲書、池井（1978b）p.141「II 具体的課題としての『盆栽』2 盆栽の歴史にかえて 続・盆栽本史」より。

29 前掲書、池井（1978b）p.143

30 中村是好『小品盆栽』鶴書房 pp.196-197、1968年の記述によると、明治初期に東本願寺で3千鉢の小盆栽をつくっていたとされ、徳川時代で名高いのは紀州の殿様であり、九州佐賀の鍋島公が庭の窯で小鉢を焼かせ、戦災で焼失したものの、今日も残っているとする。

31 杉本（1967）の執筆者には『自然と盆栽』で長く連載を持つことになった明官俊彦がおり、「小鉢の収集」とする文章を寄せた。明官もこの後、小品盆栽に関する活動の中心メンバーになる。

32 前掲書、中村（1968）p.255

33 中村是好の盆栽に関する著書は『豆盆栽愛好』徳間書店（1962）、『小品盆栽』鶴書房（1968）、『小もの盆栽：手軽に作れて楽しめる』主婦の友社（1969）、『趣味の豆盆栽』高橋書店（1972）、『小物盆栽』主婦の友社（1973）、『小物盆栽：特徴を生かす木作り』主婦の友社（1980）の6冊がある。

34 参加者は小林憲雄、横川、高島、東、雷園の主人根本、杉本佐七、中村是好の10人程度（中村（1968）p.190）。

表 3-1 「盆栽専門雑誌の発行」

No.	発行 (出版社)	編集人 (発行人)	タイトル	発 行 年	概　　要
1	盆栽同好会（香樹園）	香樹園村田利右衛門、薫風園蔵石光蔵、主筆生島一（無待庵）	『盆栽雅報』	1906 年 5 月～1917 年	1917 年 10 月に事務所が墨田川大洪水の被害を受け、139 号で廃刊したとされる。
2	大阪園芸会（吉助園）	松井吉助、小倉柿花	『華』	1907 年～1910 年	『盆栽春秋』（2021）第 575 号「さいたま市盆栽美術館だより」「【第 4 回】『華』（大阪園芸会、明治 40 年創刊）②、大宮盆栽美術館蔵」によると、1910 年 10 月に休刊の通知があり、そのまま終刊となった可能性が高い。
3	東洋園芸会（苔香園・清大園）	木部米吉、清水利太郎（瀞庵）発行、主筆金井紫雲	『東洋園芸界』	1908 年 5 月～1918 年	春秋 2 回の大陳列会、臨時陳列会の開催。園芸を切り口に外国に視線が向けられている。
4	大日本盆栽奨励会(清大園)叢会	清水利平(香雲)加藤秀三郎小林憲雄	『盆栽』	1921 年 6 月～1922 年 3 月 1922 年 6 月～1925 年 9 月 1925 年 10 月～1967 年 10 月	1922 年 4 月号より編集発行人が小林憲雄にかわる。同年 6 月号より発行所も叢会になる。1923 年 9 月の関東大震災で、10 月～翌年 6 月まで休刊。1925 年 9 月に奨励会を解散。1945 年 3 月号は戦災で焼失、1946 年 10 月号より復刊。1967 年 10 月（第 518 号）で廃刊。
5	盆栽日本社	（盆栽日本社）	『盆栽日本』	1938 年～不明	『盆栽の社会学』p. 137
6	帝国皐月協会	（帝国皐月協会）	『皐月盆栽』	1938 年～不明	1938 年 12 月（1 号）、1939 年 5 月（2 号）
7	盆栽界社	中山宏	『盆栽界』	1940 年～不明	発売元は株式会社東京盆栽倶楽部、東京盆栽組合
8	大日本盆栽協会	中村捨三	『自然芸術と科学』	1941 年 6 月～不明	社団法人大日本盆栽協会会報
9	博文館	小林憲雄	『盆栽の研究』	1942 年～不明	『盆栽の社会学』p. 137
10	東京盆栽組合	（東京盆栽組合）	『盆栽月報』	1942 年～不明	『盆栽の社会学』p. 137
11	日本盆栽青年会	（日本盆栽青年会）	『盆栽研究』	1948 年頃に試み	不明
12	日本盆栽協会	日本盆栽協会	『日本盆栽協会誌　盆栽春秋』	1965 年～2024 年現在	会員向け雑誌。現在、約 4000 人の会員。1973 年は 10000 人、1977 年は 20000 人の会員。
13	三友社	北村卓三、畑鎮夫	『自然と盆栽』	1970 年～1982 年	創刊号～第 150 号。1980 年新年号に別冊付録。
14	樹石社新企画出版局エスプレス・メディア出版	村田圭司海老名芳行坂井雅之	『盆栽世界』	1970 年 5 月～ 1985 年～ 2012 年～2024 年現在	創刊号～継続中
15	八坂書房	八坂安守	『植物と文化』	1971 年 7 月～1977 年 10 月	季刊、第 1 号～第 20 号。植物に関する随想など。
16	近代出版	徳尾真砂弘	『近代盆栽』	1977 年 11 月～2024 年現在	創刊号～継続中
17	月刊さつき研究社	六角見孝	『盆栽と山草』	1979 年	創刊号～第 4 号。1980 年から『趣味の山野草』へ変更。
18	近代出版	徳尾真砂弘	『盆栽グラフ』	1980 年～不明	1980 冬（1 号）、1981 春（2 号）、1981 夏（3 号）、1981 秋（4 号）
19	近代出版	徳尾真砂弘	『盆栽情報』	1984 年 9 月～1985 年 12 月	第 1 号～第 16 号。月刊化前に増刊が 5 号ある。
20	盆栽学会	（盆栽学会）	『盆栽学雑誌』	1988 年～2007 年	学会誌、第 1 号～第 20 号
21	近代出版	（近代出版）	『山野草とミニ盆栽』	1997 年 1 月～2018 年初夏	第 1 号～第 128 号
22	銀座森前	森前誠二	『WABI 和・美』	2002 年 5 月～2011 年 8 月	創刊号～第 15 号、通巻第 16 号～第 18 号

※社団法人日本盆栽協会（1983）『昭和の盆栽譜―国風盆栽展五十年の歩み』、池井望（1978）『盆栽の社会学　日本文化の構造』世界思想社、一般社団法人日本盆栽協会発行『盆栽春秋』（2020～2021）「さいたま市大宮盆栽美術館だより」570 号／572 号／574 号／575 号／577 号、及び、筆者が確認した実際の誌面等を元にまとめた。

3-2　雑誌『自然と盆栽』と三友社・北村卓三

　三友社は 1958（昭和 33）年に北村卓三によって設立された文芸事務所が始まりで、文芸書籍を発行していたが、1970（昭和 45）年に雑誌『自然と盆栽』を創刊している。1970（昭和 45）年4月～1982（昭和 57）年9月までに毎月1冊、合計 150 号を発行した。前半の編集人及び発行人は北村自身である。社名の由来は第 120 号の編集後記によると「著者、読者、編集者の三者相和す、それで三友」との話があり、また友の会入会を勧める創刊初期の紹介文に「読者と執筆者・編集者の三者＝三友が一体」[43] とある。北村は読者とのかかわりを積極的に取り入れようとした。

　『自然と盆栽』の主な内容は、各号 2～3 本の特集記事、文芸事務所からの縁で多くの文学者の推薦文、水上勉を始めとする文筆家によって続けられた植物や自然に関する随想の連載である。また盆栽業者や愛好家の特徴的な栽培技術の紹介、盆栽関係者の記事を取り扱い、戦後に盆栽を始めた読者の興味を引くテーマを企画、雑誌の発行を通じ、多彩な記事による先駆的な試みを続けた。読者の参加を促す企画、声かけを頻繁に行うことで、投稿記事や画像提供、園芸資材や盆栽素材の販売や頒布、植物に関する研究会を実施し、その模様を報告記事として掲載している。

　北村卓三は 1973 年 9 月 15 日『朝日新聞』朝刊「ひと_北村卓三」で、「雨水、空気、落ち葉、ゴミを土に戻そうと提唱する」実践者として紹介されている。その経歴によると 1923（大正 12）年生まれ、福井県の出身で両親と別れ、苦学して中学校を卒業、1941（昭和 16）年に中国に渡り、戦後富山県呉羽村村議、任期途中で上京し 1958（昭和 33）年[44]文芸事務所三友社を設立した。1970（昭和 45）年の『自然と盆栽』では、自然や植物を読者とともに保護することを掲げて、当時広告も取らない雑誌として、自然との共存を強く訴えた。

　北村自身、植物の栽培は趣味であったようで、記事の中では自宅で「一万余鉢の樹々に囲まれ」とある。後日、『自然と盆栽』の編集後記には、練馬区石神井の社屋[45]に「自然盆栽研究所」を設置し、こちらにも2万数千の鉢を管理するとあるので、植物栽培の実行者でもあった。

3-3　雑誌『自然と盆栽』の理念

　北村が雑誌の発行・編集人を務める前半の第 1 期（1970（昭和 45）年～1976（昭和 51）年）は、雑誌が志向する理念が誌中に多く示されている。

　まず、惹句としては毎号表紙左上に、「花と庭と住まいの雑誌

35　「盆栽の好きな連中が私の家に集まって、盆栽の話や世話話などをしよう」と、会費 200 円で 1961（昭和 36）年4月2日、1962（昭和 37）年2月7日に開催した（中村（1962）p.96）。

36　杉本夫人の言葉に「うちは寿園て名です」とある（中村（1962）p. 134）。

37　会費 200 円、参加者は 60～70 名。「中村粋好園」は杉本の提案で名付けている（中村（1962）pp. 134-135）。

38　前掲書、杉本（1967）pp. 164-165

39　前掲書、杉本（1967）pp. 165-166

40　1962（昭和 37）年に「東京アマチュア小品盆栽会」として発足し、1969（昭和 44）年に「日本小品盆栽会」、1977（昭和 52）年に「日本小品盆栽協会」と改め、全国へ活動を広げた（1977 年全国 26 支部、会員 1450 余名）。日本小品盆栽協会『小品盆栽』第 9 号（1977：37）には、類似の団体名のあることを懸念したとする変更理由が書かれている。2021 年現在、活動を継続する。日本小品盆栽協会東京支部「https://shohinbonsai.tokyo/」（最終アクセス 2021 年 8 月 28 日）『余暇の盆栽』（江口 1964）には「東京アマチュア小品盆栽会」の月例会の画像が掲載され、発足 1 年で 200 人以上の会員と紹介される。また江口は、1960（昭和 35）年 7 月に中村是好宅を訪ねた。

41　「松平さんの小盆栽をみて、私は自然に対し、また人間に対し、まったく目が開かれた」として、「国風盆栽会へも昭和十五、六年ごろから出品しています」と述べる（中村（1968）p.180）。同じ頁には、盆栽は縁日で値切って購入し、下町の物干し台で仕立てたとす

る。地域としては浅草・本所・深川、小物・豆盆栽は庭のない下町方面で発祥したようなものと話す。またp.96には、「盆栽展は、上野の美術館で開かれる国風盆栽展と、三越で開かれる名品盆栽展などがありますが、盆栽展に豆盆栽を出品する人は少なく、松平さんと杉本さんに私くらい」としている。

42　筆者が誌面を確認した盆栽雑誌に『盆栽界』『盆栽月報』があるが、戦時下の状況を反映する論調となっている。

43　北村卓三『自然と盆栽』1970年5月（2号）、折り込み葉書の説明にある。

44　『自然と盆栽』1976年4月（61号）、p.164の「御挨拶」冒頭に、「早いものです。昭和33年3月3日創業の三友社は満十七年、昭和45年3月創刊の『自然と盆栽』は、満五年を迎えました」とある。

45　このあと本社は、第82号で新宿区西新宿、第86号で練馬区南田中、第140号で豊島区南大塚へ移転。

46　1969年12月12日、ストックホルムでのノーベル文学賞受賞記念講演の全文は、川端康成（1969）に掲載されており、北村の引用した一節はp.26に確認できる。

47　推薦人は『自然と盆栽』の創刊号〜第81号迄、全ての号に各44〜47名の氏名が掲載されている。川端康成は1972年4月（25号）頃に亡くなっているが、創刊号〜第81号迄の全てで確認ができる。氏名の別に推薦文が掲載される号もあり、第6号〜第14号にかけて、有吉佐和子・小林憲雄・石坂洋次郎・司馬遼太郎・角田喜久雄・松本清張・中西悟堂・檀一雄・円地文子・伊藤桂一らの「発刊の推薦文より」が掲載されている。

（創刊号）」「花＊庭＊住いの月刊誌（第2号〜第13号）」「美しい自然をつくる月刊誌（第14号〜第150号）」と示している。同じく裏表紙の内側に書かれている惹句には「緑で心と暮らしを豊かにする月刊誌」「自然をたすけて自然をつくる実用誌」「美しい四季をたのしむ家庭の趣味誌」と書かれており、続けて事業の内容として「名簿の発表」「営業の案内」「講師の派遣」「投稿を歓迎」と示す。また、編集後記のスペースには、創刊号〜第4号までは「創刊のことば」（第5号のみ「本誌の主旨」）として、「人間にとって大切な、自然は、失われつつあります。本誌は、皆様とともに、滅びゆく自然を、たすけ護り、更にすすんで生活の中にも、自然の美しさを、創りだして行くための、月刊誌です。」と掲載している。

　次に、「月刊『自然と盆栽』の主旨」と題した文章を「第6号〜第21号」と「第22号〜第81号」までに変化させて、雑誌冒頭に掲載を続けている。前半は1968（昭和43）年の川端康成ノーベル文学賞記念講演『美しい日本の私』[46]の一節を引用する。川端は同雑誌の推薦者[47]の一人であり、創刊号から第81号まで氏名が掲載された。後半の文からは川端の一節が省略、若干の変更があるため両文を以下に示す。

　　人間にとって大切な、自然は、失われつつあります。／この月刊誌は、皆様とともに、滅びゆく自然を、たすけ護り、更にすすんで、生活の中にも、自然の美しさを、創り出して行くための本です。／ノーベル文学賞・記念講演『美しい日本の私』の中で、川端康成氏も、東洋画や日本の花道、庭園を論じ「その凝縮を極めると、日本の盆栽となり、盆石となります」と結ばれております。／日本が、世界に誇ることの出来る、代表的な、これらの芸術を、各界の専門家に指導して戴きながら、同好三十年の経験を活かして、誰もが親しみ、実行できるようにと、平易に正しく解きあかして行きたいと思います。／この喜びや楽しみを、皆々様と一緒に、一人でも多くの人々、未知の人々にも頒ち合い、ギスギスした現代の"心の灯"としたいものです。

　　（1970年4月（第6号）〜1971年12月（第21号）まで掲載）

　　人間生活にとって大切な、自然は、失われつつあります。／この月刊誌は、皆様とともに「滅びゆく自然を、たすけ護り、更に進んで生活の中にも、自然の美しさを、創り出して行くため」の本です。／日本が、世界に誇ることの出来る、代表的な、美しい日本の自然から発した、藝術を、各界の専門家に指導して戴きなが

ら、誰もが親しみ、実行できるようにと、平易に正しく解きあか
して行きたいと思います。／この喜びや楽しみを、皆様と一緒に、
一人でも多くの人達や、未知の人人にも頒ち合い、ギスギスした
現代の"心の灯"としようではありませんか。

（1972年1月（第22号）〜1976年12月（第81号）まで掲載）

　第22号から第81号の「月刊『自然と盆栽』の主旨」同頁の
上部には、「出来る事から実行しよう―災害を防ぐためにも―三
ツの提言　土に戻そう生きているから」とあり、「雨水は下水へ
流さず土に戻そう／大地に滲透させて地下水にしよう」「空気は
地表で塞がず土に戻そう／土中へ通わせて酸素増強にしよう」
「落葉やゴミ（動植物性）は焼き捨てず土に戻そう／地に置き腐
らせて天然肥料にしよう」とのスローガンが掲げられる。
　そして第6号から第11号にかけては、主筆北村卓三として
「はじめに」と題した連載が続く。ここで北村は発刊の主旨に触
れながら各記事を依頼した著者の紹介、記事の内容についての思
いを書き、雑誌の発行を進めるにあたっての基本的な方針を解説
する。

　　「日本の優れている所は何だろう」と、都会に育ち中国に暮らし、
　　仕事で日本中を歩き見て思った。書物や先輩に見聞きしても考え
　　た。「世界に日本が誇れるのは一体何んだろう」と。／そして、そ
　　れは日本の風土の「微妙に美しく、厳しい自然の、四季の移り変
　　り」しか無く、この大自然から生れた、日本の知恵や伝統に育て
　　られた"人"と"芸術"だと思い到った。／幸いに通信社を営む編集
　　人として、文学、絵画、歴史、科学等を扱い、また子供の頃から
　　動植物が大好きで、特に自然、盆栽、庭、花、には非常な関心を
　　持つ立場から、本誌を出させて戴いている（中略）「日本の良さ
　　と美しさ」を、再発見して認識するためにも、歴史、芸術、技術、
　　科学などの各方面から「日本の自然と、盆栽、庭、花」等を真に
　　探求し、研究をして、読者一家の皆様の、すぐ役に立つ、実用と
　　教養の、価値ある月刊誌となるように、努力を続けて行きたい。

（「はじめに」第6号、p.21）

　第12号は冒頭ではなく「おわりに」として編集後記へ掲載場
所を移動させ、「公害」と「自然保護」の言葉も一般的に聞かれ
るようになったこと、続けて「自然をつくる」運動につなげてい
きたいとの抱負が強く書かれている。盆栽について北村は、「造
園や生花にもつながる知識であること」「眺めて誇るものから草

木を愛し人間性を回復する、自分の手でつくる盆栽にする」とい
う考えを示す。また老人、男性の楽しみから若い人、女性も愛好
するものへ拡大させることが必要であるとしている。

　執筆協力者の一人で、雑誌『盆栽』を発行した小林憲雄（是
空）は『自然と盆栽』創刊号に「専門誌五〇〇号連刊 五十年の
研鑽」[48]を寄稿し、「自然美趣を表現する"芸術"として、盆栽と
鉢植とをはっきり区分けせねばならない」「盆栽を大衆のものに
引きださねばならない」とした。さらに、第4号から第10号ま
で「盆栽の歴史」を連載し、第6号では『自然と盆栽』冒頭に次
の期待を寄せる。[49]

> 月刊「盆栽」は、遅刊することなく、五百余号、五十年間つづけ
> て来ましたが、私もいよいよ八十を越えた老境に入り健康もゆる
> さず、こういう状態で無理して雑誌を出していることは、張り切
> った記事も出来なくなるのではと自省しまして、昭和四十二年十
> 月で打ち切りました。／こうして止めれば、誰れか、この盆栽の
> 正しい道を継承した、月刊誌を出してくれる人がいる、と思って
> いましたが、二年たっても誰れも代ってくれる人がいませんでし
> た。／そこで「伝統と日本の特技をこのまま捨てておくわけには
> ゆかない」と、忙しいなかを、北村卓三氏が引受けて下さること
> になりました。／氏は、仕事の関係で個人的にも、作家・画家や
> 文化人と交流があり、その人達も、この主旨に賛同して鼓舞して
> くださるので、心強い限りです。／盆栽道を愛する皆様も、この
> 道の人々も、私と同様に、この新月刊誌を盛り上げて下さるよう、
> くれぐれもお願いします。（盆栽研究家）

　また『自然と盆栽』の創刊号では、松平頼寿から盆栽を受け継
いだ妻・松平昭子の作品[50]（写真3-1）である、第44回国風盆栽
展の席飾り（画像にコノテガシワ・鳳尾竹・野梅・カナシデ・雪柳、
画像とは別の席にモミジ・笹・紅梅・一位・石菖、合わせて10鉢）
の様子が記事として紹介された。これらの小林の盆栽と小品盆栽
に関する記事や松平の盆栽作品の掲載は、雑誌『盆栽』と旧大名
家の文化としての「小品盆栽」の系譜を受け継ぐ内容として、理
念の引継ぎを行う意図として読み取ることができる。

　盆栽雑誌を振り返ると、一般誌としての発行は、小林の『盆
栽』廃刊以降、1967（昭和42）年11月からは空白期であり、
1970（昭和45）年4月に創刊された『自然と盆栽』、同年5月に
創刊された『盆栽世界』まで、後継誌がない状態であった。盆栽
愛好家からはこの時期、一般向け盆栽雑誌の発行を望む声も多く、

48 『自然と盆栽』1970年4月
（創刊号）、小林憲雄（是空）
「専門誌五〇〇号連刊 五十
年の研鑽」p. 68

49 小林憲雄は1972年12月
12日に83歳で亡くなる。
『自然と盆栽』1973年2月
（35号）には、北村卓三「盆
栽会の師父 小林憲雄（是
空）氏が逝く」との追悼が
掲載されている。

50 国風盆栽展で小品盆栽を展
示した松平頼寿は、1944
（昭和19）年に亡くなる
が、妻の松平昭子は夫の残
した盆栽を受け継ぎ、杉本
（1967）には「杉・ニレケ
ヤキの寄せ植え」を掲載し、
思い出を語っている。また
国風盆栽展への出品も続け
た。

その期待に応える形で北村は発行の準備に
入ったと考えられる。つまり1921（大正10）
年6月から518号を数えた雑誌『盆栽』を、
引き継ぐ意思をもって『自然と盆栽』は創刊
された。

　北村が編集発行をした『自然と盆栽』第1
期は、北村の自然に対する理念が全面に出る
形で編集方針に反映されていた。そして発行
の後半期、畑が発行人を務める1977（昭和
52）年〜1982（昭和57）年の第2期は、北
村が繰り返し述べた自然観を全面に出した
文章は誌面から消えている。さらに、第121
号からは広告の掲載も始まり、盆栽の栽培技
術の紹介、写真を多用した現代の盆栽雑誌の
一般的な記事、構成への変化を遂げていくよ
うにみえる。

4　記事の構成と内容の分類

　第4節では、北村が『自然と盆栽』の発
行人を務めた、1970（昭和45）年〜1976（昭
和51）年を第1期として、記事構成をまと
める（表3-2）。次に後任の森が発行人を務め
る1977（昭和52）年〜1982（昭和57）年を

写真3-1　「小品盆栽　松平昭子氏」（『自然と盆
栽』創刊号1970.4. p.185より）

第2期として、続けて記事構成をまとめる（表3-3）。ここから、
読者とのかかわりを中心に、戦後盆栽趣味の広がりと性格の変化
を確認したい。

4-1　第1期（1970年4月〜1976年12月）：記事の構成と内容の分類

　記事は大きく分けて「特集」が1〜3本、「自然」「山野草」に
関する「随想」が複数あり、現代の盆栽雑誌で一般的な「盆栽技
術」「盆栽展示」情報などと比べて文芸的な要素、自然環境への
メッセージが強い構成になっている。『自然と盆栽』は読者アン
ケートを頻繁に実施し、記事の内容を検討し、読者の意見を募集
して編集方針に反映させようとする様子がみえる。このことから、
掲載された記事の変化をみることで12年間の編集方針、1970年
代の盆栽趣味者の要望を確認できると考えた。

　記事としては第61号（1975年4月）になって初めて「付録
『自然と盆栽』五周年記念 項目別 総目次一号〜六十号」が誌面

後半に綴じられる形で印刷され、記事の構成と掲載号・掲載頁を検索できるようになっている。以後、73・84・96・108・120・132・144号の約1年毎に「総目次」が掲載された。第156号でも同じ「総目次」の掲載が予想されるが、発行に至っていない。そのため第144号から最終の第150号については、筆者の集計によるもので、記事は以下の（ア）～（ホ）の項目に分類してカウントした。編集方針の変化で、（ア）～（ホ）の項目が途中で統合されるもの、新規に採用されるものもあるが、記事に合わせて分類するようにした。第2期は複数の編集人によって構成が変化するが、それまでの分類に合うように努めた。以下は記事のタイトルとその本数を数字で示した表である。連載については執筆者名をタイトルの後に（ ）で示した。

表 3-2 「第1期（1970年4月～1976年12月）：記事の構成と内容の分類」

発行年月(号) / 項目	1970年 4月～12月 創刊号～9号	1971年 1月～12月 10号～21号	1972年 1月～12月 22号～33号	1973年 1月～12月 34号～45号	1974年 1月～12月 46号～57号	1975年 1月～12月 58号～69号	1976年 1月～12月 70号～81号
（ア）特集	エゾ松1、エビネ2、カエデ・モミジ1、コケ4、サツキ・ツツジ6、サクラ7、ザクロ2、山野草8、シダ9、杉3、竹1、松5、実物7、置場・管理2、繁殖1、用具3	梅4、エゾ松5、カエデ・モミジ1、黒松5、五葉松7、サクラ7、山野草6、竹3、姫リンゴ1、ボケ3、松1、繁殖13、肥料1、寄植4	ウメモドキ4、柿8、黒松5、五葉松3、サツキ・ツツジ5、山野草7、シャクナゲ1、小品盆栽7、長寿梅4、ヒメシャラ6、ブナ9、置場・管理1、繁殖1	赤松5、梅7、エゾ松4、黒松5、ケヤキ3、サクラ4、山野草3、シャクナゲ4、小品盆栽7、杜松5、ヒメシャラ1、百日紅4、マユミ4、柳3、繁殖1	一位（オンコ）1、梅1、カエデ・モミジ4、カラ松3、カリン2、黒松5、サツキ・ツツジ2、サクラ1、ザクロ2、山野草6、杉3、ソロ4、竹1、杜松3、美男カズラ2、松1、深山霧島1、繁殖1、ヒメシャラ1	五葉松5、槇柏3、ブナ1、イチョウ3、キンズ3、グミ2、黒松3、コメツガ4、五葉松3、サクラ2、山野草2、ネム1、深山霧島ツツジ5、管理1	黒松5、素材選び2、植替7、アケビ・ムベ4、ザクロ3、西洋サンザシ3、杜松4、錦松3、モミジ1、石付盆栽4、実物盆栽2、水草2、植替4、管理2、実生1
（イ）自然界	自然破壊の元兇2、窓辺の花4、街の中の自然3	街の中の自然2、森林と人間9、北国の森の博物誌9	森林と人間12、北国の森の博物誌12、公害にっぽん列島7、鎮守の杜を護ろう2、天然記念物の木3、写真探訪―風雪に耐えて1	森林と人間12、北国の森の博物誌12、公害にっぽん列島12、鎮守の杜を護ろう12	森林と人間（西口親雄）12、北国の森の博物誌3、公害にっぽん列島11、鎮守の杜を護ろう11、写真探訪―風雪に耐えて1	森林と人間（西口親雄）12、鎮守の杜を護ろう（菅沼孝之）12、公害にっぽん列島6	森林と人間（西口親雄）12、鎮守の杜を護ろう（菅沼孝之）13、公害にっぽん列島3
（ウ）連載読物	五十年の研鑽・盆栽の歴史（小林是空）8、わが草木記（水上勉）9、草と木の昔（井口樹生）9、庭のはなし9、花ことば（春山行夫）9、いけばなの原点（北条明直）5、花みる心（浅井敬太郎）7、盆上の美学（北村卓三）6、山川草木うたた荒涼（那須良輔）3、草木談話（那須良輔）2、芝居に現われる自然（星川喜美子）2、私の盆栽遍歴（安部仁）2	五十年の研鑽・盆栽の歴史（小林是空）1、わが草木記3、草と木の昔（井口樹生）12、庭のはなし12、花ことば（春山行夫）2、花みる心（浅井敬太郎）12、盆上の美学（北村卓三）4、草木談話（那須良輔）12、芝居に現われる自然（星川喜美子）11、私の盆栽遍歴（安部仁）5	わが草木記（水上勉）3、草と木の昔（井口樹生）12、花みる心（浅井敬太郎）12、草木談話（那須良輔）12、日本の自然の美しさと盆栽（北村卓三）1	草と木の昔（井口樹生）3、花みる心（浅井敬太郎）12、草木談話（那須良輔）12、日本の自然の美しさと盆栽（北村卓三）2、木にひそむ力（星川喜美子）7、知っておきたい日本の習俗（錦田貞雄）1	花みる心（浅井敬太郎）2、知っておきたい日本の習俗（錦田貞雄）3、自然対談（那須良輔）12、名桜と伝説（郷野不二男）7	自然対談（那須良輔）12、名桜と伝説（郷野不二）8、お祭り風土記（大森亮尚）9、巨桜列伝（郷野不二男）4、一草園雑記（野田弥三郎）4、その他2	自然対談（那須良輔）12、お祭り風土記（大森亮尚）12、巨桜列伝（郷野不二男）8、一草園雑記（野田弥三郎）8、日本盆栽史私考盆栽の歴史を考証する（丸島秀夫）6

105

発行年月（号）／項目	1970年 4月～12月 創刊号～9号	1971年 1月～12月 10号～21号	1972年 1月～12月 22号～33号	1973年 1月～12月 34号～45号	1974年 1月～12月 46号～57号	1975年 1月～12月 58号～69号	1976年 1月～12月 70号～81号
（エ）山野草	山草の旅（吉川健実）6、雑草も又楽し（山田菊雄）9、草翁閑話（及川義夫）3、野の味・山の味（大木恒子）6、小鉢と庭に…作り易い山野草（太田萬里）5	雑草も又楽し（山田菊雄）3、野の味・山の味（大木恒子）6、小鉢と庭に…作り易い山野草（太田萬里）13、花の山脈（林辰雄）12、季節の草木遊び（菅野邦夫）6	小鉢と庭に…作り易い山野草（太田萬里）11、花の山脈（林辰雄）12、季節の草木遊び（菅野邦夫）6	小鉢と庭に…作り易い山野草（太田萬里）10、花の山脈（林辰雄）12	小鉢と庭に…作り易い山野草（太田萬里）13、花の山脈（林辰雄）12	小鉢と庭に…作り易い山野草（太田萬里）12、花の山脈（林辰雄）12	小鉢と庭に…作り易い山野草（太田萬里）12、花の山旅（林辰雄）12
（オ）こよみ	盆栽メモ（北村卓三）8、お庭に（安藤太郎）7、いけばな手帳（山崎美津子）9、花の歳時記3、植物歳時記（丸山尚敏）6	盆栽メモ（北村卓三）12、お庭に（安藤太郎）2、いけばな手帳（山崎美津子）3、植物歳時記（丸山尚敏）5	盆栽メモ（北村卓三）12、山草メモ（吉田賢一）12	盆栽メモ（北村卓三）12、山草メモ（吉田賢一）12	盆栽メモ（北村卓三）12、山草メモ（吉田賢一）12	山草メモ（吉田賢一）12、全国盆栽メモ92	山草メモ（吉田賢一）12、全国盆栽メモ96
（カ）随想	32	12	32	49	27	39	40
（キ）訪問・ルポ	盆栽入門の記（星川喜美子）8、あなたの出番です3、その他15	盆栽入門の記（星川喜美子）8、その他8	盆栽入門の記（星川喜美子）1、あなたの出番です7、その他1	あなたの出番です1、その他3	その他2	その他5	人と花と心4
（ク）座談会・対談	4	4	4	1	0	1	1
（ケ）美術	生活の中の美（福永重樹）9、古陶歳時記（村山武）9、くさむらの美（相沢光朗）5、日本の風土とこころ（小野礼子）2、切手のはなし（住威久雄）5、植物似たもの同志（佐藤広喜）9、絵画（中井慎吾）2、その他1	生活の中の美（福永重樹）11、古陶歳時記（村山武）12、切手のはなし（住威久雄）4、植物似たもの同志（佐藤広喜）7	古陶歳時記（村山武）3、美のある暮し（村山武）6、その他1	その他1	0	—	—
（コ）鉢	0	小鉢の面白味（忍田博三郎）8、その他2	小鉢の面白味（忍田博三郎）12	小鉢の面白味（忍田博三郎）12	小鉢の面白味（忍田博三郎）2	1	0
（サ）見方・味い方	8	11	2	2	12	2	0
（シ）盆栽技術	盆栽作家一問一答5、体験歴盆栽論（河合誓徳）2、伸びる草木（北村卓三）7、珍しい草・木・石2、小品盆栽樹種別講座（明官俊彦）2、滅ぼされる自然の草木を盆栽に生かそう（土田貞生）2、その他5	伸びる草木（北村卓三）7、小品盆栽樹種別講座（明官俊彦）12、滅ぼされる自然の草木を盆栽に生かそう（土田貞生）2、あなたにもすぐに出来る整姿（明官俊彦）10、盆栽愛好家の記録（大野章）10、盆栽に作って面白い樹種（山中寅文）4	伸びる草木（北村卓三）6、小品盆栽樹種別講座（明官俊彦）12、あなたにもすぐに出来る整姿（明官俊彦）10、盆栽愛好家の記録（大野章）1、盆栽に作って面白い樹種（山中寅文）6、五葉「心覚えの記」（阿部倉吉）12	伸びる草木（北村卓三）3、小品盆栽樹種別講座（明官俊彦）12、あなたにもすぐに出来る整姿（明官俊彦）11、五葉「心覚えの記」（阿部倉吉）7、草物盆栽を作る（西山伊三郎）8、実技の要点（大野彰夫）5、加減談義（北村卓三）4、自然盆栽への誘い（宮崎進平）1、その他1	小品盆栽樹種別講座（明官俊彦）12、草物盆栽を作る（西山伊三郎）9、実技の要点（大野彰夫）7、加減談義（北村卓三）12、自然盆栽への誘い（北村卓三）2、私の育てた盆栽29、小品盆栽の卓の作り方（近藤節也）8、サツキの盆栽9、盆栽技術講座8、植物を探る（宮崎進平）4、初歩の実技コーナー（吉田賢一）3、自然と盆栽友の会研究講座の記録（福田泰人・北村卓三）3、その他2	小品盆栽樹種別講座（明官俊彦）12、草物盆栽を作る（西山伊三郎）11、私の育てた盆栽12、植物を探る（宮崎進平）12、初歩の実技コーナー（吉田賢一）7、自然と盆栽友の会研究講座の記録（福田泰人・北村卓三）3、その他4、加減談義（北村卓三）3、小品盆栽技術公開5、自然樹に学ぶ盆栽樹形の研究3	草物盆栽を作る（西山伊三郎）9、盆栽技術講座（桜井勝登）2、植物を探る（宮崎進平）4、小品盆栽樹種別講座（明官俊彦）9、私の育てた盆栽9、小品盆栽技術公開13、小品盆栽講座整姿の研究6、その他4、自然樹に学ぶ盆栽樹形の研究2、実技コーナー（中島信一）3、誰にでも出来る2
（ス）樹木	郷土の花木8、日陰でも「よく育つ樹」（山中寅文）9、その他1	郷土の花木7、日陰でも「よく育つ樹」（山中寅文）3、その他1	椿一実技と観察（長岡成男）10、日本のバラ作り9	椿一実技と観察（長岡成男）2、日本のバラ作り3、その他2	0	—	—

発行年月(号) \ 項目	1970年 4月～12月 創刊号～9号	1971年 1月～12月 10号～21号	1972年 1月～12月 22号～33号	1973年 1月～12月 34号～45号	1974年 1月～12月 46号～57号	1975年 1月～12月 58号～69号	1976年 1月～12月 70号～81号
(セ) 古典植物	0	0	0	イワヒバ4（内藤三郎）、松葉蘭（岩田謙一）4、伊勢菊（富野耕三）4	万年青について（芦田潔）5	—	—
(ソ) 北から南から	1	9	4	0	4	19	4
(タ) お店紹介	7	5	0	0	0	—	—
(チ) 三友ギャラリー	8	0	0	0	0	—	—
(ツ) 園芸	—	—	—	—	—	—	—
(テ) 話題	—	—	—	—	—	—	北から南から14、その他1
(ト) 三友図書館	12	4	2	1	2	3	2
(ナ) 追悼※	0	0	0	3	2	—	—
(ニ) 投稿	16	32	24	16	10	10、懸賞作文入選発表7	3
(ヌ) 相談室	2	2	14	1	1	病害虫診断室（西口親雄）3	病害虫診断室（西口親雄）10
(ネ) 会友消息	6	3	3	0	0	—	—
(ノ) 同好会めぐり（同好会）	1	1	2	1	0	同好会訪問8	同好会訪問2
(ハ) 植物園・試験所めぐり	6	0	0	0	0	—	—
(ヒ) 会報	7	6	0	3	1	—	—
(フ) 表紙	9	12	12	12	12	12	12
(ヘ) カラー写真	口絵91	口絵53	口絵38	口絵31、生きる…かたすみで（吉野信）7	口絵39、生きる…かたすみで（吉野信）12、自然盆栽カレンダー（自然盆栽研究所）12	口絵57、生きるを楽しむ12、生きる…かたすみで（吉野信）12、自然盆栽カレンダー（自然盆栽研究所）12	口絵117、寒樹を楽しむ12、生きる…かたすみで（吉野信）12、自然盆栽カレンダー（自然盆栽研究所）12
(ホ) モノクロ写真	口絵等53、花のかたち（神野淳）9、展示会報告14	口絵等24、花のかたち（神野淳）12、展示会報告20	口絵等24、花のかたち（神野淳）3展示会報告22	口絵等26、植物の形（神野淳）12展示会報告10	口絵等54	81	76、風雪に耐えて1

※73号「項目別総目次（61号～72号）」には「美術」「樹木」「古典植物」「お店紹介」「三友ギャラリー」「追悼」「会友消息」「植物園・試験所めぐり」「会報」の項目なし。また84号「項目別総目次（73号～84号）」には「鉢」「見方・味い方」「北から南から」「同好会めぐり」の項目がなくなり、「話題」の項目が追加される。また「園芸」は85号から追加される。詳細は表3-3備考を参照。

51 記録の残る第49～57回の国風盆栽展の小品席数を確認すると、1975（昭和50）年は入選182席中6席、1976（昭和51）年は177席中7席、1977（昭和52）年は207席中9席、1978（昭和53）年は195席中11席、1979（昭和54）年は205席中11席、1980（昭和55）年は204席中15席、1981（昭和56）年は207席中18席（その他に中品3）である。『自然と盆栽』の発行を終えた1982（昭和57）年は206席中15席（その他に中品7）、そして1983（昭和58）年は210席中16席である。昭和50年代に全体の入選席数も増

4-2 第2期（1977年1月～1982年9月）：記事の構成と内容の分類

　1977年1月新年特大号（第82号）では、前号までに予告なく、編集発行人が北村卓三より畑鎮夫へ変更される。本論はここから第2期とした。編集後記には「訣別の言葉」として北村による言葉が綴られている。人間は「しみじみイヤになりました」、「『自然の摂理』を無視し、やたらと歴史の浅い物質文明の科学や方程式を信じて、自滅の道を進んでいる様です」とやや悲観的な思いを書く。そして盆栽は極親しい人には予告してあるとした上で、植え替え、葉刈りをせず、徒長枝の剪定のみで肥料は与え、元気であることも書いている。創業19年の三友社を辞めることと、雑誌『自然と盆栽』の成果を、「小品盆栽が盛んに」[51]なったこと、「展覧会でも針金を掛けた盆栽が少なく」なったこと、他社の盆栽雑誌、単行本が本誌を真似るようになり、「自然盆栽」

が広まったこととあげる。そして第四の人生[52]が始まると締めくくる。実際に小品盆栽（豆盆栽・小物盆栽）は、小規模の同好会・愛好会を増やし、展示会のお知らせなどを各地で確認できるまでになった。『自然と盆栽』は小品盆栽の流行の中心的な立場として、盆栽趣味の交流を広げ、活動を支えるメディアとして機能したと考えられる。

引き継いだ畑鎮夫は「新任の言葉」として、三友社に入社以来17年間在籍していること、北村氏を生涯の師と仰ぎ、多くのことを学び、苦楽をともにしたこと、今後自らが事業を引き継ぐことを述べ、読者の協力を願う文章を寄せる。他の社員による編集後記には「編集、営業、事務のスタッフは、今迄と同じメンバー」であるとし、このまま業務を推し進めていく旨を述べている。

第2期の1977（昭和52）年1月（82号）から編集発行人となった畑鎮夫は、1982（昭和57）年9月（150号）まで発行人は続けるが、編集人は第128号から清水明、第145号から第150号までは佐野昌子が務める。編集の方針に着目すると編集人が変わるごとに、構成が簡素化されていく様子を確認できる。

加するが、それ以上に小品盆栽の入選数は増加している。

52 北村は前掲の朝日新聞インタビューで、中国に渡った時代、議員の時代、出版社の時代があることを答えている。

表3-3 「第2期（1977年1月～1982年9月）：記事の構成と内容の分類」

発行年月（号）／項目	1977年 1月～12月 82～93号	1978年 1月～12月 94号～105号	1979年 1月～12月 106号～117号	1980年 1月～12月 118号～129号	1981年 1月～12月 130号～141号	1982年 1月～9月 142号～150号	備　考
（ア）特集	ヒノキ3、文人盆栽5、植替1、接木1、正月を飾る3、寄植3、エゴノキ4、五葉松5、サツキ3、山野草8、ナシ4、ピラカンサとベニシタン5、ブドウ2、ブナ1、石付盆栽2、置場3、挿木5、針金掛け3、八ツ房盆栽6、涼味を作る2	朝鮮ソロ7、ツバキ6、東洋ラン5、松4、イチイ（オンコ）5、ギョウリュウ1、クチナシ5、五葉松3、山野草3、シダ1、小品盆栽1、中品盆栽1、ニシキギ4、ニレケヤキ4、フジ6、深山海棠4、水石1	赤松1、梅7、エゾ松1、カリン2、黒松7、五葉松7、山野草4、杉1、ツツジ8、杜松6、実物2、メタセコイア1、モミジ5、植替3、飾り2、水盤1、肥料1、寄植2	梅1、エノキ7、黄梅4、シモツケ1、槙柏8、リンゴ1、飾り1、赤松6、ウチョウラン1、柑橘2、黒松2、サクラ15、杉7、ツル物盆栽5、唐カエデ6、杜松2、百日紅7、水草4、ヤナギ5、小品盆栽の飾り5、芽摘み1	エゾ松9、古典園芸植物4、五葉松1、山野草1、早春の花物盆栽4、ボケ4、小鉢1、ウメモドキ6、黒松9、五葉松4、サツキ5、山野草1、竹・笹6、栂・米栂5、ブナ9、モミジ9、赤玉土5、鞍馬石1、自然樹と盆栽樹形2	梅8、ケヤキ5、地板1、小品盆栽6、卓4、素材5、クルメツツジ6、黒松9、樹冠7、山野草7、夏に咲くフジ3、赤松5、飾る7、女性のための盆栽コーナー22、なぜ盆栽は飾って観るのか1、龍眼石3	
（イ）自然界	森林と人間（西口親雄）3、鎮守の杜を護ろう（菅沼孝之）3、自然保護を考える（荒垣秀雄）9、古木名木お国自慢9	自然保護を考える（荒垣秀雄）3、古木名木お国自慢12、日本の自然よ何処へ（荒垣秀雄）9	古木名木お国自慢12、日本の自然よ何処へ（荒垣秀雄）3、渓流物語7、自然木の樹形5	古木名木お国自慢11、日本の自然よ何処へ（荒垣秀雄）9、自然木の樹形12、渓流物語5、日本の植物・世界の植物―生態紀行（吉良竜夫）6、その他1	自然木の樹形5、渓流物語7、日本の植物・世界の植物生態紀行（吉良竜夫）6、「枝枯れ」を考える旅（西口親雄）9、自然探訪（進士道元）1	「枝枯れ」を考える旅（西口親雄）3、自然探訪（進士道元）2、盆栽のための気象予報6、植物歳時記6、自然のアルバム6、私のふるさと自然誌6、日本の樹6、自然と光1、随想1	
（ウ）連載読物	自然対談（那須良輔）12、お祭り風土記（大森亮尚）3、日本盆栽史私考盆栽の歴史を考証する（丸島秀夫）12	自然対談（那須良輔）12、日本盆栽史私考盆栽の歴史を考証する（丸島秀夫）12	自然対談（那須良輔）12、文学に描かれた植物（巖谷大四）8、日本盆栽史私考（丸島秀夫）11	自然対談（私の野草雑記）（那須良輔）12、文学に描かれた植物（巖谷大四）12、日本盆栽史私考（丸島秀夫）5	自然スケッチ対談（那須良輔）11	栽匠と作風2、鉢まんだら（村田久造）4、小鉢作家を訪ねて5、盆栽を支える木工芸1、人と花と心2、人と技術2、その他3	

発行年月(号)／項目	1977年 1月〜12月 82〜93号	1978年 1月〜12月 94号〜105号	1979年 1月〜12月 106号〜117号	1980年 1月〜12月 118号〜129号	1981年 1月〜12月 130号〜141号	1982年 1月〜9月 142号〜150号	備　考
(エ) 山野草	小鉢と庭に…作り易い山野草（太田萬里）12、花の山旅（林辰雄）12、身近な薬草に親しもう（小林正夫）8	小鉢と庭に…作り易い山野草（太田萬里）12、花の山旅（林辰雄）12、身近な薬草に親しもう（小林正夫）12	山草入門12ヵ月（太田萬里）12、花の山旅（林辰雄）5、遠くの花近くの花6、身近な薬草に親しもう（小林正夫）4	四季の山野草を盆に（太田萬里）12、遠くの花近くの花12、山草ショッピングガイド12、	四季の山野草を盆に（太田萬里）12、遠くの花近くの花12、山草ガイド（河合雄三）12	四季の山野草を盆に（太田萬里）3、遠くの花近くの花3、野の草を描く6、山草ガイド6、野の味・山の味5、山草栽培の記1	
(オ) こよみ	—	—	—	—	—	—	96号「項目別総目次」から項目削除。
(カ) 随想	40	13、自然の随想32、特別寄稿1、「自然と盆栽」百号に寄せて25	自然の随想39、特別寄稿4	自然の随想39	自然の随想36	自然の随想9	
(キ) 訪問・ルポ	人と花と心12	人と花と心9	人と花と心7	人と花と心1、聞き書きシリーズ2	2	0	
(ク) 座談会・対談	—	—	—	—	—	—	96号「項目別総目次」から項目削除。
(ケ) 美術	—	—	—	—	—	—	73号「項目別総目次」から項目削除。
(コ) 鉢	—	—	—	盆栽を楽しむ人のやきもの入門（藤田和廣）3	盆栽を楽しむ人のやきもの入門（藤田和廣）9	0	84号「項目別総目次」から項目削除。132号で項目追加。
(サ) 見方・味い方（鑑賞）	—	—	—	—	—	盆上の美6、見方味わい方4、鑑賞盆栽鉢3、自然盆栽展より1、その他2	84号「項目別総目次」から項目削除。145号から「鑑賞」項目追加。
(シ) 盆栽技術	草物盆栽を作る（西山伊三郎）2、小品盆栽樹種別講座（明官俊彦）3、改稿小品盆栽樹種別講座（明官俊彦）9、小品盆栽技術公開1、実技コーナー（中島信一）12、あなたにもすぐ出来る整姿10、楽しい小品盆栽作り（明官俊彦）9、その他4	改稿小品盆栽樹種別講座（明官俊彦）7、実技コーナー12、あなたにもすぐ出来る整姿10、楽しい小品盆栽作り（明官俊彦）7、小品盆栽を始める人に（小品盆栽の基礎）7、小品盆栽専科（梶山富蔵）5、初・中級向け中品盆栽講座11、病害虫診断室（西口親雄）12、全国各地樹種別盆栽メモ10	実技コーナー12、小品盆栽を始める人に（小品盆栽の基礎）1、小品盆栽専科（梶山富蔵）4、小品盆栽専科（根守恵美子）7、初・中級向け中品盆栽講座11、病害虫診断室（西口親雄）12、全国各地樹種別盆栽メモ10	実技コーナー12、小品盆栽専科（根守恵美子）4、病害虫診断室（西口親雄）12、小品盆栽相談室（明官俊彦）12、全国各地樹種別盆栽メモ2、小品盆栽（松井春子）1、中品盆栽を作ろう（金子昇）6、盆栽メモ9	実技コーナー12、小品盆栽（松井春子）1、中品盆栽を作ろう（金子昇）3、病害虫診断室（西口親雄）12、小品盆栽相談室（明官俊彦）5、あなたの地方の盆栽メモ12、こんな木を作ってみませんか（明官俊彦）6、実践初歩の松柏盆栽樹り6、この盆栽はこうして作ったそして…11、	実技コーナー8、病害虫診断室（西口親雄）9、こんな木を作ってみませんか（明官俊彦）9、この盆栽はこうして作ったそして…3、中品盆栽の勧め（加藤重夫）3、マン・ツー・マン教室3、整姿時の構想はどうなったか（中島信一）2、小さな寄せ植え（福島俊幸）3、地方別	
(シ) 盆栽技術		小品盆栽相談室（明官俊彦）5			中品盆栽の勧め（加藤重夫）3、マン・ツー・マン教室2、整姿時の構想はどうなったか（中島信一）4、その他2	盆栽作業・管理メモ9、創作盆栽のすすめ（加藤初治）1、盆栽は生きている6、ツバキの小品盆栽1、小品盆栽専科1、異種寄せ植え1	
(ス) 樹木	—	—	—	—	—	—	73号「項目別総目次」から項目削除。
(セ) 古典植物	—	—	—	—	—	—	73号「項目別総目次」から項目削除。
(ソ) 北から南から	—	—	—	—	—	—	84号「項目別総目次」から項目削除。
(タ) お店紹介	—	—	—	—	—	—	73号「項目別総目次」から項目削除。
(チ) 三友ギャラリー	—	—	—	—	—	—	73号「項目別総目次」から項目削除。

発行年月(号) 項目	1977年 1月~12月 82~93号	1978年 1月~12月 94号~105号	1979年 1月~12月 106号~117号	1980年 1月~12月 118号~129号	1981年 1月~12月 130号~141号	1982年 1月~9月 142号~150号	備　　考
(ツ) 園芸	園芸の基礎ABC（柳宗民）9	園芸の基礎ABC（柳宗民）12、あなた自身で庭を美しく（安藤太郎）8、園芸の基礎ABC（柳宗民）3、季節の花（柳宗民）9、母と子の植物教室（中嶋吉男）12	あなた自身で庭を美しく（安藤太郎）4、母と子の植物教室（勝昭一）5	季節の花（柳宗民）9	季節の花（柳宗民）3、古典園芸植物（三科徹）11	その他1	96号「項目別総目次」から項目追加。
(テ) 話題（話題・通信）	北から南から16、盆栽通信11	北から南から4、盆栽通信2、報告1、盆栽通信4、話題3	報告1、盆栽通信9、話題2	盆栽通信11、話題5、報告5	報告10、盆栽通信33、投稿13、応募作品発表5、北から南から3	報告4、投稿2、盆栽伝言板53	84号「項目別総目次」から「話題・通信」項目追加。
(ト) 三友図書館	1	—	—	—	1	1	120号「項目別総目次」から項目削除。144号から項目追加。
(ナ) 追悼	—	—	—	—	—	—	73号「項目別総目次」から項目削除。
(ニ) 投稿	15	10、私の育てた盆栽2	13	16、懸賞文入選作発表2	6、懸賞文入選作発表3	0	
(ヌ) 相談室	病害虫診断室（西口親雄）12	病害虫診断室（西口親雄）3	—	—	—	—	132号「項目別総目次」から項目削除。
(ネ) 会友消息	—	—	—	—	—	—	73号「項目別総目次」から項目削除。
(ノ) 同好会めぐり（同好会）	—	—	—	—	同好会レポート4	同好会レポート1	84号「項目別総目次」から項目削除。144号から「同好会」項目追加。
(ハ) 植物園・試験所めぐり	—	—	—	—	—	—	73号「項目別総目次」から項目削除。
(ヒ) 会報	—	—	—	—	—	—	73号「項目別総目次」から項目削除。
(フ) 表紙	12	12	12	12	12	9	
(ヘ) カラー写真	口絵135、生きる…かたすみで（吉野信）12、自然盆栽カレンダー（自然盆栽研究所）3	口絵56、生きる…かたすみで海外編（吉野信）12、盆栽鑑賞・盆栽展・特集関連写真43	生きる…かたすみで海外編（吉野信）12、自然の中の盆栽樹10、盆栽鑑賞・盆栽展・特集関連写真53	今月の飾り（山田登美男）12、四季の山野草を盆に（太田萬里）12、自然のアングル（吉田信）12、自然の中の盆栽樹9、盆栽鑑賞・盆栽展・特集関連写真53	盆上の美2、四季の山野草を盆に（太田萬里）3、自然のアングル（吉田信）12、自然の中の盆栽樹1、盆栽鑑賞・盆栽展・特集関連写真49、季節の山野草を盆に（太田萬里）10、盆栽を生活の中へ（加藤重夫）3	季節の山野草を盆に（太田萬里）3、自然のアングル（吉田信）3、盆栽を生活の中へ（加藤重夫）3、小さな寄せ植え（福島俊幸）3、特集関連写真7、盆栽鑑賞・盆栽展17、特別観賞第56回国風盆栽展8、各地盆栽展46	
(ホ) モノクロ写真	盆栽展69	盆栽展26、全国各地盆栽展50、特集関連写真7	全国各地盆栽展74、特集関連写真3	盆栽鑑賞・盆栽展・特集関連写真24、特集関連写真7、全国各地盆栽展55	全国各地盆栽展123、その他1	全国各地盆栽展23、各地盆栽展20	

※ 84号「項目別総目次（73号~84号）」、96号「項目別総目次（85号~96号）」、120号「項目別総目次（97号~120号）」、132号「項目別総目次（121号~132号）」、144号「項目別総目次（133号~144号）」参照。

4-3　記事の全体比較

　次に 4-1 と 4-2 でまとめた「記事の構成と内容の分類」について、記事数を比較してみたい（表3-4）。創刊した 1970 年と廃刊した 1982 年はどちらも 9 冊の発行となっており、その他は各年 12 冊の発行である。記事の中で年を平均して毎月 3 本以上の連載があると確認できるものは太字で表した。

　全体の記事の内容としては（ア）「特集」、（シ）「盆栽技術」、（ヘ）「カラー写真」、（ホ）「モノクロ写真」の特集に、より重点が置かれている。また読者が参加する各企画は、掲載数は限られるものの、かかわる参加者や参加団体の数の多さ、個人の情報を積極的に公開することで、読者同士のかかわりをつくる機能が伝わる。次に（ヘ）（ホ）「写真」は展覧会の報告が多く、各趣味団体への取材を反映させたものとして捉えることができる。そして『自然と盆栽』の特徴ともいえる「自然界」「連載読物」「山野草」「こよみ」「随想」などの読ませる記事は、全体的に数や比重も多く、記事コンセプトにかかわる重要な位置に置かれていた。12 年間の記事数は 7,000 弱であり、毎月 46 本程度の記事から雑誌が編集されていた。

　第 1 期・第 2 期から記事の内容を比較すると、（ウ）「連載読物」は縮小、（シ）「盆栽技術」や読者との交流にかかわる（ソ）〜（ヒ）、（テ）「話題（話題・通信）」記事は、読者の要望に合わせる形で徐々に大きい比重となっている。第 1 期は文芸・自然や環境に対する北村の理念を反映させる記事が多く、第 2 期は栽培技術への情報提供と人々の交流に関心の高まりがある。

4-4　雑誌『自然と盆栽』記事の考察

　1970 年代は小品盆栽同好会の結成が増加するが、第 1 期のはじめは、同時代の既にある会の規約や活動の参考情報を掲載し、新たに会を始めようとする趣味家の導入を促している。同好会組織ができてからは運営方針・規約の共有、年間イベントの紹介、展示会の開催情報、その他の活動報告などを共有する雑誌メディアとして影響を与えた。また『自然と盆栽』そのものが、「友の会」を結成し、「盆栽講習研究会（盆栽研究会）」を毎月実施している。会員数は、第 2 号編集後記に「（創刊号の出ないうちから）入会のお申込みが千人を突破」、第 74 号に「2 万人近く」とある。友の会会員による研究会の報告、投稿記事、提供された写真の掲載も多い。また会員へ手に入りにくい種や苗の頒布を行い、土・土入れ器・鋏・篩・手入れ道具一式の販売を実施している。読者アンケート・投書等により、人気の記事を確認し、読者の声を葉

表 3-4　「『自然と盆栽』の（ア）〜（ホ）記事の比率」

1期／2期	1期	1期	1期	1期	1期	1期	1期	2期	2期	2期	2期	2期	2期	合計記事数(各テーマ)	比率%
号　数	1-9	10-21	22-33	34-45	46-57	58-69	70-81	82-93	94-105	106-117	118-129	130-141	142-150		
発行人	北村	北村	北村	北村	北村	北村	北村	畑	畑	畑	畑	畑	畑		
編集人	北村	北村	北村	北村	北村	北村	北村	畑	畑	畑	畑清水	清水	清水佐野		
発行年	70	71	72	73	74	75	76	77	78	79	80	81	82		
発行冊数	9	12	12	12	12	12	12	12	12	12	12	12	9		
（ア）特集	62	65	61	60	44	42	47	69	67	67	91	86	102	863	12.42
（イ）自然界	9	20	37	48	38	30	28	24	24	36	38	28	37	397	5.71
（ウ）連載読物	71	65	40	37	24	39	46	24	24	31	29	11	19	460	6.62
（エ）山野草	29	39	29	22	25	24	24	32	36	27	36	36	24	383	5.51
（オ）こよみ	34	22	24	24	24	104	108	—	—	—	—	—	—	340	4.89
（カ）随想	32	12	32	49	27	39	40	40	71	43	39	36	9	469	6.75
（キ）訪問・ルポ	26	16	9	4	2	5	4	12	9	7	3	2	—	99	1.42
（ク）座談会・対談	4	4	4	1	0	1	1	—	—	—	—	—	—	15	0.22
（ケ）美術	42	34	10	1	0	—	—	—	—	—	—	—	—	87	1.25
（コ）鉢	0	10	12	12	2	1	0	—	—	—	3	9	—	49	0.70
（サ）見方・味い方	8	11	2	2	12	2	0	—	—	—	—	—	16	53	0.76
（シ）盆栽技術	25	45	47	52	108	82	63	50	62	69	57	81	39	780	11.22
（ス）樹木	18	11	19	7	0	—	—	—	—	—	—	—	—	55	0.79
（セ）古典植物	0	0	0	12	5	—	—	—	—	—	—	—	—	17	0.24
（ソ）北から南から	1	9	4	0	4	19	4	—	—	—	—	—	—	41	0.59
（タ）お店紹介	7	5	0	0	0	—	—	—	—	—	—	—	—	12	0.17
（チ）三友ギャラリー	8	0	0	0	0	—	—	—	—	—	—	—	—	8	0.12
（ツ）園芸	—	—	—	—	—	—	—	9	25	28	10	14	1	87	1.25
（テ）話題(話題・通信)	—	—	—	—	—	—	15	27	14	12	21	64	59	212	3.05
（ト）三友図書館	12	4	2	1	2	3	2	1	—	—	—	1	1	29	0.42
（ナ）追悼	0	0	0	3	2	—	—	—	—	—	—	—	—	5	0.07
（ニ）投稿	16	32	24	16	10	17	3	15	11	13	18	9	—	184	2.65
（ヌ）相談室	2	2	14	1	1	3	10	12	3	—	—	—	—	48	0.69
（ネ）会友消息	6	3	3	0	0	—	—	—	—	—	—	—	—	12	0.17
（ノ）同好会めぐり(同好会)	1	1	2	1	0	8	2	—	—	—	—	4	1	20	0.29
（ハ）植物園・試験所めぐり	6	0	0	0	0	—	—	—	—	—	—	—	—	6	0.09
（ヒ）会報	7	6	0	3	1	—	—	—	—	—	—	—	—	17	0.24
（フ）表紙	9	12	12	12	12	12	12	12	12	12	12	12	9	150	2.16
（ヘ）カラー写真	91	53	38	38	63	81	153	150	55	75	98	80	146	1121	16.13
（ホ）モノクロ写真	76	56	58	48	54	81	77	69	83	77	86	124	43	932	13.41
合計記事数（各年）	602	537	483	454	460	593	639	546	496	497	541	597	506	6951	100.00

表2、表3の記事数を表右・下に合計し、右に比率を出したもの。

書・手紙の形で頻繁に受け付けていた。第58号には「自然と盆栽創刊五周年記念懸賞募集要項」として「懸賞作文」「標語」募集などの企画、一方で、第59号には「友の会滞納者へ入金のお願い」として滞納者への連絡を促している。

　1970（昭和45）年に同じく創刊し現在も発行が続く『盆栽世界』では、「友の会」などの読者と積極的にかかわる運営を行わず、既にある盆栽会・協会・組合など関係者に協力を仰ぐ交流に努めている。また読物としての随想、文学的要素は少なく、大型盆栽を含んだ"盆栽"そのものの記事に誌面を集中させている。広告の掲載も多く、雑誌のサイズも創刊当初からB5サイズを採用し、文字も画像も大きい。『自然と盆栽』が1982年4月（145号）から最終の第150号にかけて、冊子のサイズをA5からB5に大きくしたのは後追いの形になり、時期を逸したと考えられる。

　1970年代は、中型から大型の盆栽は盆栽園が趣味者の盆栽を預かり、管理をする様子が多くみられる。一方で、豆盆栽や小品盆栽は、実際の栽培の工夫を通した愛好者による交流がある。そして新しい栽培方法を開発した名人による雑誌連載記事を通した価値観の創出があった。1960年代に杉本佐七の著書にも登場した明官俊彦は会社員であったが、数千鉢の小品盆栽を自宅屋上で栽培し、樹種ごとの栽培方法を『自然と盆栽』に連載した。三友社からは『小品盆栽の育て方 I, II, III』と3冊の単行本として発行され、後年は相模湖湖畔に「明官小品盆栽研究所」[53]を開設し、愛好者を集めた。このように、人気のあった連載は、阿部倉吉『図解 盆栽樹形の作り方 五葉松盆栽の整姿・整形』（1975）、忍田博三郎『日本の小鉢と陶工―盆栽小鉢の面白味』（1976）などがあり、約20冊（付録参照）が単行本化され、三友社は誌面に広告を掲載しながら長く販売を続けた。

　雑誌・書籍の購読層は、記事の内容から新旧中間層であり、戦前までの大型盆栽の愛好者と多くは一致しない。戦後の盆栽流行は、豆〜中品盆栽、特に小品盆栽で分岐して発生している。このことは、盆栽園を媒介とした上流階級のつながりが強かった大型盆栽趣味から、雑誌を媒体とした小型盆栽の栽培趣味による社会人のつながりへと変化しており、違う質の流行が起きていたと考えることができる。

　雑誌『自然と盆栽』は1982年9月（150号）を以って廃刊となる。その後は『盆栽世界』（1970年創刊）が小型の盆栽を、『近代盆栽』（1977年創刊）が大型の盆栽を扱い、2024年現在まで継続する。

53　明官小品盆栽研究所は、当時相模湖湖畔にあった盆栽研究所で、『自然と盆栽』で連載を長期にわたり執筆した明官俊彦が設置した。自然と盆栽別冊(1981)に広告が掲載されている。

5 盆栽趣味の広がりと性格

5-1 小品盆栽を含む「盆栽」の性格変化

　第4節を踏まえて、1970年代の小品盆栽の流行をまとめると、雑誌『自然と盆栽』を媒体とした広がりが確認できた。1934（昭和9）年の「国風盆栽」による美術館への展示や、1935（昭和10）年の『趣味大観』当時の栽培趣味と比べ、盆栽のサイズは小型化し、各地で小規模の展示会が開かれる状況へ変化した。

　池井が示した図3-1「理念型としての『盆栽』の性格変化（大衆化と文化の実体）」は、平安時代から『盆栽の社会学』の発行された1978（昭和53）年当時までの盆栽の流れを俯瞰した概念図であり、「江戸末期から明治初年にかけての教養の誇示としての盆栽」を「いわゆる『盆栽』の実体」として示したが、今日の盆栽の状況と変化が起きている。

　改めて、全体として盆栽の流行は、①盆景的なもの（最先端文化）→②園芸文化（蛸作り、樹藝、大名文化）→③煎茶席の文人盆栽（中国風教養主義）→④美術盆栽、自然主義盆栽、自然美盆栽（盆栽の美術化）→⑤国風盆栽（国家主義的）→⑥停滞期→⑦小品盆栽（盆栽サイズの多様化）と遷移したと考えられる。

　ここで、図3-1の「いわゆる『盆栽』の実体」は時期を限定して、狭い範囲の「国風盆栽」にあたるものとして考えてみたい。池井が考察した1978（昭和53）年の「小品盆栽」流行は、単に盆栽が小型化し、ホビー化したのではなく、「小品盆栽」そのものの流行が「大型盆栽」とは異なる形でボリュームになったものではないか。つまり、「盆栽のサイズ」「需要層の変化」「出版社のかかわり」「組織の成り立ち」は大型盆栽とは異なるものであり、ある種の「新しい盆栽」として捉えることができる。このことから、概念図としても図3-2に示したように、「新たな山」になると考えた。

5-2 盆栽趣味の広がりと性格

　池井の概念図（図3-1）を基盤にしながら考察したことを追記すると、図3-2の最初の山の半分が、明治から戦前期に起きた盆栽の変化（前節③〜⑤）である。つまり平安時代の盆景ではなく、岩佐の指摘した明治20年頃に発生した煎茶席での文人盆栽飾りを基軸とすると、Cを大型盆栽の変化、Bを1934（昭和9）年の国風盆栽の完成、その間には、美術盆栽、自然主義盆栽、自然美盆栽が入り、Bの後、約10年間の停滞を置く。大型の盆栽はその後も一定の支持は継続されるが、現在の国内需要は衰退期に入っ

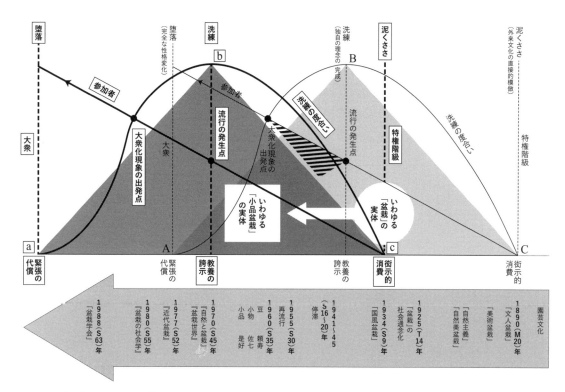

図 3-2 「理念型としての『小品盆栽』の性格変化」

たといわれる。そして輸出品としての価値や、文化のプロモーション、インバウンド効果、流行期の創作の維持管理、美術館の展示品としての役割に変化しつつある。

　その一方で、小品盆栽を c の時点（正確には文政期の園芸文化）から始まった新たな盆栽の発生だとすると、広く展示公開された1934（昭和 9）年から「新しい山」のボリュームになる。『趣味大観』の発行された 1935（昭和 10）年を経て、1960 年代の「小品盆栽流行の兆し」で触れた、松平頼寿（酒井忠正）、杉本佐七、中村是好らによる豆盆栽・小物盆栽・小品盆栽の価値観継承があり、明官俊彦らの価値の創作へ向かっている。この小さい自然への愛着、新しい趣味のムーブメントが、新たな B（b）として、1970 年代の『自然と盆栽』につながった。各企画記事を通して、新旧中間層の趣味への参加が促され、「小品盆栽」が新しい盆栽の流行として立ちあがったと考えられる。つまり『自然と盆栽』の発行された 1970 年から 1982 年が、小品盆栽の流行期であったこと（図 3-2）を確認できる。

　池井は俯瞰的に、「盆栽はその一つの性格であるミニアチュア性によって時代の心情の忠実な容器の役を果たすかわりに変化もはなはだしい」、そして「戦後には完全に植木のホビーに変わ

ってしまうのである」、あるいは、「植物に対する率直な共感と
ミニアチュアに対する技術的好奇心だけが戦後の盆栽を支えてい
る」[54] として、大型盆栽がミニチュア化して技術的なホビーに変
わったと書いた。ある意味、正しい指摘であるが、ここを新たな
流行であったと考えると図 3-2 のような 2 つ目の山になる。

54　前掲書、池井 (1978b)、p.148

　ここまで示したように、大型盆栽が上流階級で流行した山と、
戦後の小品盆栽が新旧中間層で流行した山は、実は別のものであ
る。盆栽を観察する際に、大型を趣味とする人々と小型を趣味と
する人々の間に、交流の少なさを感じていたが、盆栽の成り立ち
の違いから来ている違和感だと理解できる。盆栽は大衆化される
のと同時に同好会の組織化や展覧会の発生、小品盆栽専門業者の
開園、名人も増え、盆栽のサイズのバリエーションが多様化した。
この盆栽の多様化や広がりには雑誌を媒体とした新たな交流が大
きく影響したと考えられる。

盆栽趣味の広がりと性格
―雑誌『自然と盆栽』記事にみる 1970 年～1982 年―

まとめ

　第 3 章は、明治時代以降の盆栽雑誌発行の変遷をまとめた上で、1970（昭和 45）年 4 月に創刊された雑誌『自然と盆栽』を、第 1 期（1970～1976）と第 2 期（1977～1982）に分け、記事の内容を参照し、戦後の盆栽趣味の広がりと性格の変化を明らかにした。盆栽は「大正末年頃（1925 頃）に至り、ようやく社会通念に昇華した」（岩佐 1976）といわれ、昭和期に入ると陳列会に耐えられる大型盆栽が増加、1945（昭和 20）年にかけて需要の拡大と概念の定着をみた。戦後約 10 年間の停滞を挟み、1955（昭和 30）年以降、再び盆栽趣味が広がるようになったが、ここでは愛好者の交代が進み、1970 年代までに盆栽の小型化による需要の変化も起こった。この時期、『自然と盆栽』では、「盆栽文化の啓蒙」「同好会組織・展示会への働きかけ」「愛好家や名人による雑誌連載記事」を通した価値観の創出があった。日本の中世から現代における盆栽流行は、①盆景的なもの②園芸文化③煎茶席の文人盆栽④「美術盆栽」「自然主義盆栽」「自然美盆栽」（盆栽の美術化）⑤国風盆栽（国家主義的）⑥停滞期⑦小品盆栽（サイズの多様化）の順に変化が起きたと考えられる。

終章

1 岡倉天心の「花」の描写

　かつて岡倉天心は、日本近世に存在した各画流派を明治前期に日本画として再構築（形成）したが、後年、茶事から日本文化の特質を『茶の本（原題：The Book of Tea）』（1906）として説いた。序章に続けて「第六章 花」の一節には、日本の「生花」についての記述がある。

　　　十九世紀のある文人の言うところによれば、百以上の異なった生花の流派をあげる事ができる。広く言えばこれら諸流は、形式派と写実派の二大流派に分かれる。池の坊を家元とする形式派は、狩野派に相当する古典的理想主義をねらっていた。初期のこの派の宗匠の生花の記録があるが、それは山雪や常信の花の絵をほとんどそのままにうつし出したものである。一方写実派はその名の示すごとく、自然をそのモデルと思って、ただ美的調和を表現する助けとなるような形の修正を加えただけである。ゆえにこの派の作には浮世絵や四条派の絵をなしている気分と同じ気分が認められる。[1]

　岡倉天心の考察は「生花」についてであるが、当時の絵画観に引き寄せて、前文の狩野派の喩えは形式派の古典的理想主義、後文は写実派として「自然をそのモデルと思って、ただ美的調和を表現する助けとなるような形の修正を加えた」として、浮世絵や四条派の絵に喩えている。

　さらに続けて、「花」の飾り方については、次の「取り合わせ」の記述もある。

　　　花の独奏（ソロ）はおもしろいものであるが、絵画、彫刻の協奏曲（コンチェルト）となれば、その取りあわせには人を恍惚とさせるものがある。石州はかつて湖沼の草木を思わせるように水盤に水草を生けて、上の壁には相阿弥の描いた鴨の空を飛ぶ絵をかけた。紹巴という茶人は、海辺の野花と漁家の形をした青銅の香炉に配するに、海岸のさびしい美しさを歌った和歌をもってした。その客人の一人は、その全配合の中に晩秋の微風を感じたとしるしている。[2]

1　岡倉天心（著）／村岡博（訳）『茶の本（原題：The Book of Tea）』「第六章 花」岩波書店 p.87、1929 年

2　同上書、pp.88-89

花の協奏曲の喩えは、絵画、彫刻の取り合わせによる席飾りの
調和を述べたもので、生花だけではなく展覧会（陳列会）以前の
席飾りの組み合わせを想像させる。前文の「水盤に水草」「鴨の
空を飛ぶ絵」の飾り、後文の「海辺の野花」「漁家の形をした青
銅の香炉」は、明治前期に一般的な床の間での陳列法（盆栽の席
飾り）につながる意識がある。

『料亭東京芝・紅葉館―紅葉館を巡る人々』(1994)[3] には、天心
の参加した日本美術院の創立披露宴として、1898（明治31）年
7月7日に横山大観が発起人の代表挨拶を述べたとする記録があ
る。盆栽の席飾りの会場として高名な芝紅葉館に岡倉天心も来館
していた。この一文には「日本画」「花（花卉栽培・生花・組み合
わせ）」についての考察があり、明治初期の席飾り（陳列会、展覧
会以前）の捉え方を共有できる。

筆者は『藝術と環境のねじれ―日本画の景色観としての盆景
性』(2013)[4] において、山水・風景のズレから景色の特徴を考
察する中で、「芸術・園芸・造園のズレ」（図4-1)[5] を図示したが、
本論では続けて「藝術（芸術）」「園芸」「生活文化」の関係性の
中に盆栽（盆栽趣味）の位置を考えた。近代美術が「芸術・美
術・日本画」、あるいは「日本絵画・日本画」「西洋画（油画・洋
画）・日本画」を分けたように、明治初期から分かれた「美術・
園芸・生活文化」の150年後の盆栽（趣味）の位置に関心があ
った。近代絵画としての日本画だけではなく「藝術（芸術）」「園
芸」「生活文化」でも、日本の「盆栽」としての近代を振り返る
必要があったからである。日本絵画から日本画、山水画から風景
画、盆栽（はちうゑ）から盆栽（ボンサイ）への変化で生じたズ
レ（揺れ）の中に芸術文化の独自性と歴史の面白味がある。近代
化の過程で引き継がれた価値と、外された価値があるように、盆
栽（盆栽趣味）の特質も、振り返って捉え直す時期にある。

3 池野藤兵衛『料亭東京
芝・紅葉館―紅葉館を巡る
人々』砂書房 pp.219-220、
1994年

4 早川陽『藝術と環境のねじ
れ―日本画の景色観とし
ての盆景性』アサヒビー
ル／清水弘文堂書房 p.24、
2013年

5 同上書、p.183

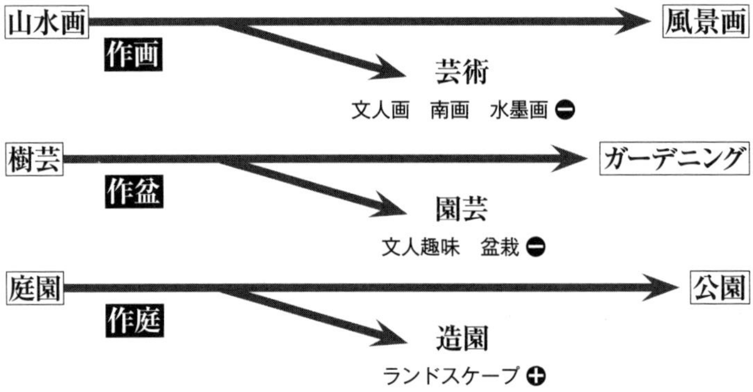

図4-1　芸術・園芸・造園のズレ

2　本書の結論

　本書の目的は「盆栽趣味の広がりと性格」を現代から明らかにすることにあった。

　『盆栽の誕生』で知られる依田徹は、近代の盆栽観における自然主義の表出に触れ、「盆栽の特徴は、『自然』にも『芸術』にも分類できないことです。おそらく、盆栽の現代的な意味と可能性は、その現代的な枠組みを超えた側面に潜在している」[6]と領域をまたぐものであることを指摘している。

6　依田徹「極小の庭―盆栽」生環境構築史『特集：構築4の庭へ』第4号、2022年 https://hbh.center/04-issue_02/（検索日：2023年10月1日）

　筆者は「盆栽趣味が何だったのか」ということに興味を持ち、ここ150年の変化を追ううち、明治期の「盆栽美術論」の理論化の試みが面白くみえた。煎茶会・文人趣味としての盆栽が広がり、その後、盆栽の美術化が思考され、自然美盆栽が流行し、国風化に進んだ盆栽は、戦後大衆化して一部は小型化し、ホビー、あるいはレジャーとなった。「趣味」の意味が「趣（おもむき）」から「感じ取る能力」「愛好するもの」を経て、「ホビー（hobby）」「レジャー（leisure）」に変わっていくことと重なってみえる。盆栽の価値観にとって、明治初期から現代までの変化は大きい。

　本書では、先行する盆栽研究や同時代の「藝術（芸術）・園芸・生活文化」に関する論考を課題としながら、第1章「明治期における盆栽趣味の萌芽―図書資料の検討から―」として、国立国会図書館の図書資料を確認し、明治期に起こったとされる「はちうゑ」から「ボンサイ」への読み方と内容の変化を確認した。江戸時代には園芸文化が広く需要されたが、盆栽は京阪において文人趣味から発生し、明治初期に植木屋と士族の交流と転向によって記録され、趣味として成立した。ここで起こった「盆栽」は新しい価値の創出、流行であった。

　次に第2章「昭和初期の盆栽趣味の諸相―『趣味大観』（1935）にみられる自然栽培趣味の記述から―」では、過去に論文としてまとめた1935年の盆栽趣味の状況を、名士録である『趣味大観』から考察した。万博や博覧会を通して、盆栽が座敷での席飾りから陳列会形式に変わることで、新しい鑑賞者を獲得し、大衆化、大型化（一部小型化の芽生え）していく様子がみられた。

　さらに、第3章「盆栽趣味の広がりと性格―雑誌『自然と盆栽』記事にみる1970年〜1982年―」では、小品盆栽の流行と雑誌『自然と盆栽』の1970（昭和45）年〜1982（昭和57）年の活動についてまとめた。以上のことから明治以降の盆栽趣味の特徴をつなげ、盆栽流行の変遷を確認し、趣味層の広がりと盆栽趣味の性格を考察した。

現在の日本の盆栽は、江戸時代の庭園・園芸文化、植木屋の栽培技術からなる「盆栽（はちうゑ）」を素地に、幕末に京阪で発生した煎茶趣味としての「盆栽（ボンサイ）」、そして文人様式を加え、各時代に新たな形（形態、形式、様式）を試しながら、新しい領域の「盆栽（ボンサイ）」として、明治期から現代までに広まっていったものである。徐々に盆栽（ボンサイ）は園芸の一分野、鉢植えとは異なる新しい範囲として啓蒙され、特異な文化的存在となった。出版の中心地大阪・東京は、図書の発行が多く、国外や地方の流通網の整備によって植物の素材が開拓され、盆栽（はちうゑ・ボンサイ）は広い品種を獲得した。園芸と文人趣味の間にあったものが、美術を志向し、大衆化することで生活文化としての広がりを持ったといえる。

　以上のことから、盆栽は、近代の新しい趣味として広まったことがわかる。近代に新しいステータスを示す趣味として広がりをみせた盆栽が、園芸から切り離され、盆栽趣味として自立していく。盆栽は煎茶会と席飾り、出版と流通、博覧会（陳列会・展覧会）によって広がった。「盆栽」にかかわる人々については、盆栽の形式の変化に合わせて広がりをみせる。また図書資料には、盆栽の形式の変化、広がり方が記録として残っている。

　「盆栽」の範囲は、世界に広がった芸術、ART としての「BONSAI」なのか。近年調査の進んでいる茶道（煎茶道）や華道（花道・生花・活花）に並ぶ「生活文化」なのか。栽培の技術を誇る「園芸」や農業、あるいは画一的な日本文化としての輸出商品、産業の一種なのか。各時代に流行し、老年層の関心の高いひとつの「趣味世界」なのか、あるいはそれぞれの特質が交錯する限られた範囲が「盆栽」なのか。図 4-2 のように重なりを整理してみると、「藝術（芸術）と園芸と文化の重なりとしての盆栽」という領域がみえてくる。

　本書では、「盆栽」の全体像を確認するために、芸術（美術）、園芸（栽培趣味）、美術文化の重なりとしての「盆栽趣味」と位置づけを示した。自然物である植物と、人工美である芸術としての自然観について、その中間点にある存在が「盆栽（盆栽趣味）」と考えられる。そして、「近代・盆栽」「盆栽・世界」という

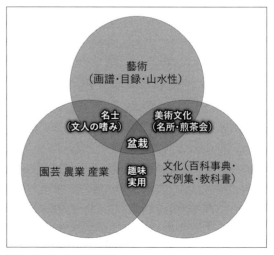

図 4-2　盆栽の関係図

語そのものが、近現代の転換期のキーワードであり、美術の領域に接続する要素を示している。

　学校の内外、美術の範囲、藝術と生活文化と園芸の境界について、探る面白味があり、盆栽（はちうゑ）から盆栽（ボンサイ）への変化は、日本絵画から日本画への変化の重なりとしても解釈できる。すなわち、幕末に複数あった画流派が美術に再構成される過程で旧派と新派が生まれたが、同じことが盆栽趣味にも起こり、近代のズレ（揺れ）を生み出したと考えられる。文人の山水性は芸術化した日本画から薄まり、同様に近代盆栽からも薄められ、一部の価値として継続している。

おわりに

　本書は2019年から2023年に行った科学研究費助成事業で、早川陽（代表）「近代初期日本における美術・文化愛好者の再生産過程―学校外での教習活動に着目して―」（19K00139）の研究が基礎になっている。本書の第2章は、早川陽「昭和初期の盆栽趣味の諸相―『趣味大観』（1935）にみられる自然栽培趣味の記述から―」昭和女子大学『学苑』第964号 pp. 38-62、2021年から、第3章は、早川陽「盆栽趣味の広がりと性格―雑誌『自然と盆栽』記事にみる1970年〜1982年―」昭和女子大学近代文化研究所『昭和女子大学近代文化研究所紀要』第17号 pp. 44-65、2022年が元になっている。第2章は昭和初期、第3章は昭和後期を考察対象とした。ここにさかのぼって、第1章、「明治期における盆栽趣味の萌芽―図書資料の検討から―」の論考を新たに書き加えた。

　以上の研究を通し、盆栽趣味の近現代を日本画の視点を含めて考察することができた。音楽趣味研究の歌川光一先生には本書の研究のきっかけを与えていただき、発行まで長くご助言をいただいてきた。2023年度からはサントリー文化財団研究助成「学問の未来を拓く」の「『趣味』の昭和史の構築―シリアスレジャーの観点による生涯学習論の刷新に向けて―」（歌川光一研究代表）の共同研究者にも加えていただいた。また科研費（19K00139）の共同研究で東京大学東洋文化研究所の塚本麿充先生には、活動を通じて議論の機会をいただいた。さらに盆栽研究で知られる依田徹先生には、本書の執筆の際、ご助言をいただくことができた。そして本書の企画を提案して下さった昭和女子大学近代文化研究所の烏谷知子先生には、本書の執筆について辛抱強く待っていただいた。幸いなことに、近代の「盆栽趣味考」を時間をかけて考えることができた。お世話になった方々に合わせて感謝を申しあげたい。

　また出版にあたり、昭和女子大学近代文化研究所、同出版会のお力添えはもちろんのこと、清水弘文堂書房の礒貝日月社主と中里修作さん、表紙のデザインはイシジマデザイン制作室の石島章輝さんに、今回もお世話になった。急な依頼の数々に快くご対応をいただき、心より感謝をしている。

　「盆栽の成立はいつだったのか」を確認するために、近代から現代に発行された図書を読むことで、埋もれている図書の数々が、何をどのように伝えてきたのか、改めて俯瞰する機会を持てれば

と考えたが、盆栽の近現代150年の歴史を振り返ると、形式に様々な流行があり、人々のかかわりも多様であった。伝統文化の発生と広がりは、このように流動性を伴いながら、一定の価値をつなげているようにもみえる。

初出参考一覧

序章　書下ろし

第1章　書下ろし

第2章　早川陽「昭和初期の盆栽趣味の諸相―『趣味大観』(1935)にみられる自然栽培趣味の記述から―」昭和女子大学『学苑』第964号 pp. 38-62、2021

第3章　早川陽「盆栽趣味の広がりと性格―雑誌『自然と盆栽』記事にみる1970年〜1982年―」昭和女子大学近代文化研究所『昭和女子大学近代文化研究所紀要』第17号 pp. 44-65、2022

終章　書下ろし

著者略歴

早川　陽（はやかわ　よう）博士（美術）

専門分野：日本画、美術教育、美術文化

東京藝術大学大学院美術研究科美術専攻芸術学研究領域美術教育研究分野博士課程修了。単著に『藝術と環境のねじれ―日本画の景色観としての盆景性―』(2013 アサヒビール／清水弘文堂書房)。共著に『美術と教育のあいだ』(2011 東京藝術大学美術教育研究室)、『メディアとメッセージ―社会のなかのコミュニケーション―』(2021 ナカニシヤ出版)、『表現教育プロジェクト〈子どものための舞台と人形劇をつくる〉実践集』(2023 昭和女子大学出版会)。現在、昭和女子大学人間社会学部初等教育学科准教授、昭和女子大学近代文化研究所所員。

ISBN978-4-7862-0317-6　C3361

ブックレット　近代文化研究所叢書　18
盆栽趣味の広がりと性格

2024年3月26日
定価　2,200円（本体価格 2,000円＋税）

著　者　早川　陽　2024©Yo Hayakawa
発行人　昭和女子大学近代文化研究所　所長　烏谷　知子
発行所　昭和女子大学出版会
〒154-8533　東京都世田谷区太子堂1－7－57
　　　　Tel. 03-3411-5300　　Fax. 03-3411-5143
編集・デザイン　清水弘文堂書房（礒貝日月、中里修作）
　　　　　　　　石島章輝（イシジマデザイン制作室）
印刷・製本　モリモト印刷　Printed in Japan